NCS 기반

# 베이직 헤어 커트

최은정 · 김동분 공저

光 文 閣
www.kwangmoonkag.co.kr

PREFACE

## 책 머리에

최근에는 이미지 관리의 중요성이 대두되는 만큼 좋은 이미지를 유지하고 관리해 나가는 것은 매우 중요한 일로 되고 있다. 우리는 과거 어느 때보다 많은 시간과 노력을 가지고 자신을 내·외적으로 아름답게 관리하는데 투자하고 있는 반면 미의 기준도 다양해져 개성 있게 변화하고 있으며, 여성들뿐만 아니라 남성들에게까지 영향을 끼쳐 매력적으로 보일 수 있는 외적 이미지에 대한 관심이 매우 높아지고 있다.

아름다운 외모란 사람의 감성을 자극하는 인자로서 인간의 삶에서 끊임없이 노력하고 관심을 가지며 한 사람의 가치 척도의 기준이 되기도 한다. 아름다운 외모를 가꾸는 수단으로 헤어스타일은 매우 중요한 역할을 담당하고 있다. 우리나라 옛날의 여성 문화는 '머리카락을 자른다'는 것은 부모에게 물려받은 신체의 일부를 훼손시킨다는 것으로 큰 불효였지만, 최근에는 시대의 변화와 여성들의 사회 활동이 많아지면서 다양한 헤어스타일을 선호하고 있으며, 자신만의 개성을 살려서 헤어스타일을 연출하고 있는 추세이다.

현장 실무에서 헤어커트가 차지하고 있는 비중은 크다. 헤어커트 시 디자인 결정은 고객의 얼굴형과 체형, 모류 방향, 모량, 고객의 요구와 취향을 고려하여 단점을 보완하고 장점을 부각시켜 스타일을 연출해야만 한다. 본 교재에서는  고객의 기본적인 욕구가 다양해지고, 시대의 변화에 따라 헤어 트렌드가 빠르게 변화하는 요즘 헤어디자인에 관해 좀 더 구체적이고 체계적인 책을 엮어 보고자 하였다.

이론편의 1장에서는 헤어디자인의 개념 및 요소로 헤어 연출에 필요한 커트의 기초 지식이 되는 헤어디자인의 3요소에 대해 응용예술로서의 창의적인 디자인에 관하여 기술하였다.

2장에서는 두상의 포인트와 헤어커트의 4가지 기본형에 대해 체계적이고 논리적으로 서술해 보았다.

3장에서는 도구 분석으로 가위, 레이저, 틴닝 가위, 빗, 클리퍼 등 사용 방법과 주의사항에 대해 기술하였다.

4장에서는 헤어디자인의 이미지 분석으로 얼굴형과 체형, 목과 어깨의 넓이에 따른 헤어스타일 연출법과 5장에서는 디자인의 원리를 소개하였다.

6장에서는 기초 헤어커트를 위한 기술로 헤어커트를 정확하고 일관성 있게 커트하기 위해서는 블로킹, 섹션, 슬라이스, 시술 각도, 베이스에 관해 기술하였으며, 7장에서는 커트 시술 시 도구에 따른 테크닉 방법을 소개하였다.

실기편에서는 헤어커트의 4가지 기본형인 원랭스 커트(수평 보브, 스파니엘, 이사도라), 그래쥬에이션 커트, 유니폼 레이어 커트, 인크리스 레이어 커트, 응용 보브 커트의 시술 과정과 방법에 관해 체계적으로 기술하였다.

본 교재는 헤어디자이너가 되기 위해 가장 중요한 베이직에 중점을 두어 과학적이고 정확한 커트를 시술할 수 있도록 정리되어 있다. 이 책을 통해 헤어커트를 수업받는 학생들이 헤어커트에 대한 기본적인 개념을 이해하고 흥미와 관심을 가지고 기술을 익혀 미용 분야에 기여할 수 있는 주역이 되길 간절히 희망한다. 끝으로 이 책을 출간하기까지 심혈을 기울여주신 광문각출판사 박정태 회장님을 비롯한 임직원님들께도 깊은 감사의 말씀을 드린다.

2018년 8월 저자

# CONTENTS

## PART 1 | 이 론 편

CONTENTS

CONTENTS

CONTENTS

PART 1

# BASIC HAIR CUT

이론편

CHAPTER
# 01 헤어디자인의 개념 및 요소

## 1. 헤어디자인의 개념

### 1) 헤어커트의 기초

헤어커트는 헤어스타일을 만드는데 기초가 되는 기술로 헤어 셰이핑이라고 하며 '머리 형태를 만든다'라는 뜻이다.

### 2) 헤어커트의 목적

헤어커트는 모발의 길이를 정리하는 것으로 모발의 밀도를 정리하여 머리 모양을 완성시키기 위한 헤어스타일의 기초를 만드는 것을 목적으로 한다. 헤어커트에 사용되는 도구는 가위(Scissors), 레이저(Razor), 빗(Comb), 클리퍼(Clipper)가 있다.

① 가위
- 웨트 커트(Wet Cut) : 모발에 수분을 적셔서 시술한다.
- 드라이 커트(Dry Cut) : 모발에 수분을 적시지 않고 마른 상태에서 시술한다.

② 레이저 : 커트 시 모발에 수분을 충분히 적시어 시술한다.

③ 클리퍼 : 남자 커트와 여성의 짧은 머리(쇼트 커트) 등에 많이 사용한다.

## 2. 헤어디자인의 요소

헤어디자인 분야는 미적인 표현뿐만 아니라 개성적인 표현으로도 만족시켜 주는 응용예술로서 창조적 디자인을 위한 구성 요소로 형태, 질감, 색채를 헤어디자인의 3요소라 한다.

### 1) 형태(Form)

형의 3요소 - 선, 방향, 모양

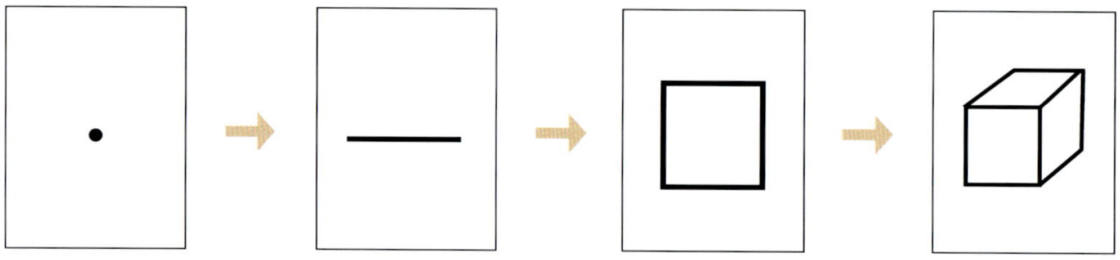


### 2) 형의 분석

| 자연 시술각<br>(중력에 의한 각도/ 천체축 기준) | 일반 시술각<br>(두상의 각도) |
|---|---|
| 중력에 의해 모발이<br>자연스럽게 늘어 떨어지는 각도<br>(원랭스, 그래쥬에이션) | 두상으로부터 모든 모발이 90°<br>들려졌을 때 각도(유니폼 레이어) |
| 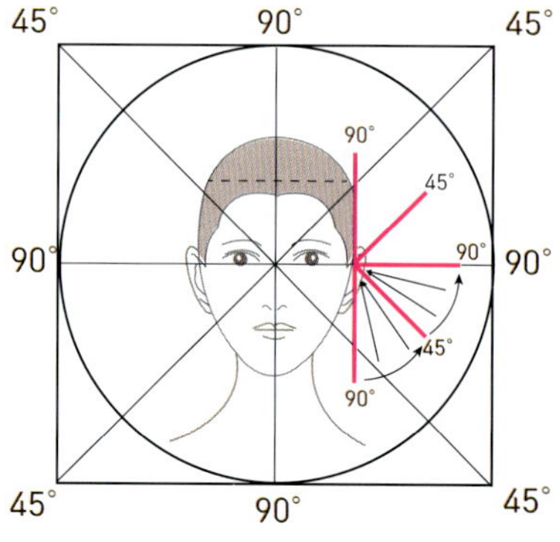 | 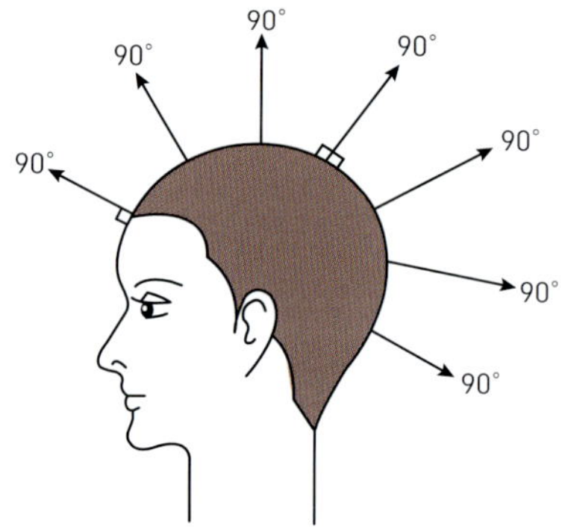 |

### 3) 질감(Texture)

촉각과 시각으로 느낄 수 있는 모발의 표면 또는 질감도 관찰하게 된다.

① 엑티베이트(Activated) : 잘린 모발 끝이 보이는 질감
(활동적인 질감 - 유니폼 레이어, 인크리스 레이어)

② 언엑티베이트(Un Activated) : 잘린 모발 끝이 보이지 않는 매끄러운 질감
(비활동적인 질감 - 원랭스)

③ 혼합형(Combination) : 엑티베이트와 언엑티베이트의 두 가지 질감이 혼합
(그래쥬에이션)

| 엑티베이트 |

| 혼합형 |

| 언엑티베이트 |

### 4) 색채(Color)

물체에 빛이 반사될 때 얻어지는 시각적 효과로 길이와 부피감, 머릿결, 움직임과 방향감에 영향을 준다.

■ 엑티베이트, 언엑티베이트, 혼합형 질감의 헤어스타일을 스크랩하세요.

CHAPTER
# 02 두상 포인트 및 Hair Cut의 4가지 기본형

## 1. 두상의 15포인트 명칭

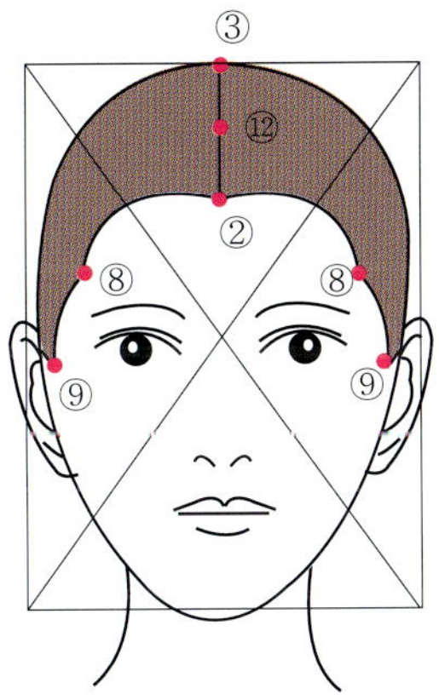


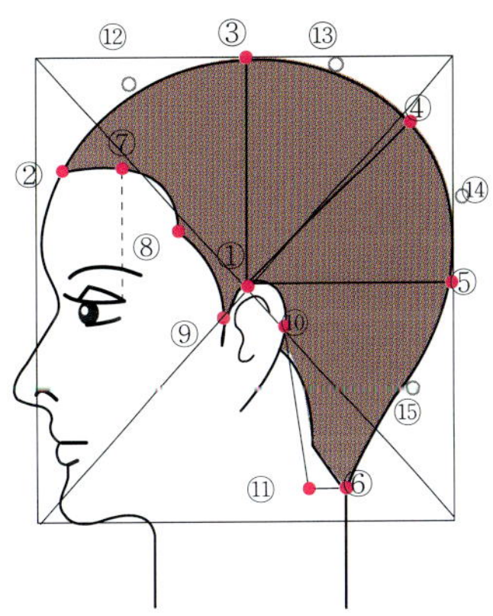


| 번호 | 약자 | 명칭 |
|---|---|---|
| 1 | E.P | 이어 포인트(Ear Point) |
| 2 | C.P | 센터 포인트(Center Point) |
| 3 | T.P | 톱 포인트(Top Point) |
| 4 | G.P | 골덴 포인트(Golden Point) |
| 5 | B.P | 백 포인트(Back Point) |
| 6 | N.P | 네이프 포인트(Nape Point) |
| 7 | F.S.P | 프런트 사이드 포인트(좌·우)(Front Side Point) |
| 8 | S.P | 사이드 포인트(Side Point) |
| 9 | S.C.P | 사이드 코너 포인트(Side Cernir Point) |
| 10 | E.B.P | 이어 백 포인트(Ear Back Pont) |
| 11 | N.S.P | 네이프 사이드 포인트(Nape Side Point) |
| 12 | C.T.M.P | 센터 톱 미디엄 포인트(Cent Top Medium Point) |
| 13 | T.G.M.P | 톱 골덴 미디엄 포인트(Top Goilden Medium Point) |
| 14 | G.B.M.P | 골덴 백 미디엄 포인트(Golden Back Medium Point) |
| 15 | B.N.M.P | 백 네이프 미디엄 포인트(Back Nape Medium Point) |

## 2. 두상의 분할 라인

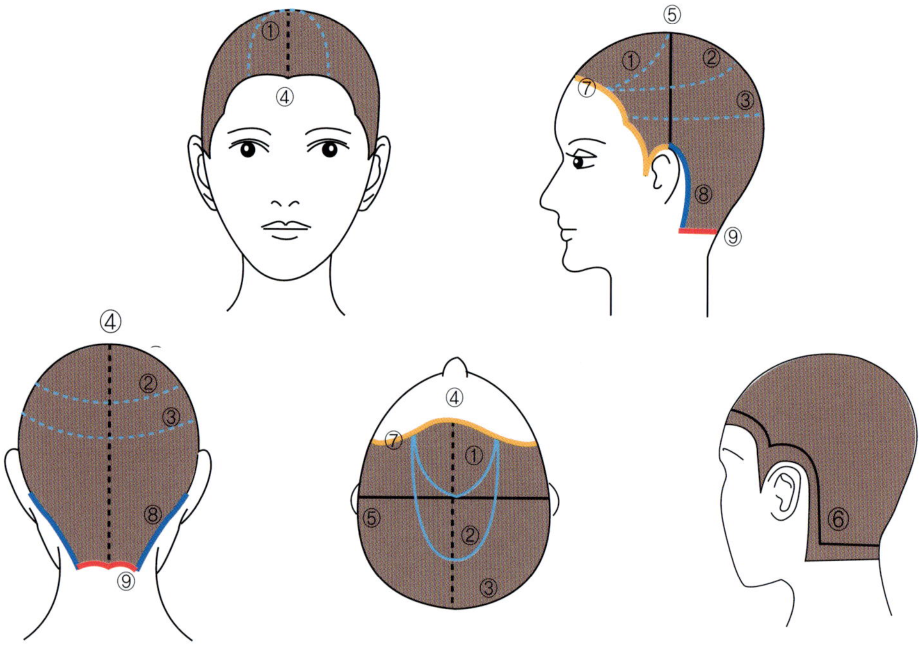

| 번호 | 명칭 | 내용 |
|---|---|---|
| 1 | 앞머리 영역 | F.S.P~T.P~반대편 F.S.P을 연결하여 나눈 앞부분 영역 |
| 2 | U라인 영역<br>(측두선) | F.S.P~G.P~반대편 F.S.P을 연결하여 나눈 앞부분 영역<br>(눈 끝을 위로 측중선까지 연결한 선) |
| 3 | 크레스트<br>(Crest Area) | 두상의 가장 넓은 부분 |
| 4 | 센터 라인(Center Line),<br>정중선 | C.P~T.P~G.P~B.P~N.P를 연결한 선<br>(두상 전체를 수직으로 가른선) |
| 5 | 이어 투 이어 파트<br>(Ear to Ear Part), 측중선 | E.P~T.P~반대편 E.P를 연결하는 선 |
| 6 | 햄라인(Hem Line) | 전체적으로 머리카락이 나기 시작한 선 |
| 7 | 페이스 라인(Face Line) | 얼굴 정면에 모발이 나기 시작한 선<br>E.P~S.C.P~S.P~F.S.P~C.P~반대편 F.S.P~S.P~S.C.P~E.P를 연결한 선 |
| 8 | 이어 백 라인<br>(Ear Back Line) | E.P~E.B.P~N.S.P를 연결한 선 |
| 9 | 네이프 라인(Nape Line) | 목덜미의 선, N.S.P~N.P~반대편 N.S.P까지 연결한 선 |

## 3. 두상의 분할 용어

① 인테리어(Interior): 크레스트 윗부분의 명칭

② 엑스테리어(Exterior): 크레스트 아랫부분의 명칭

③ 크레스트(Crest Area): 두상의 가장 넓은 부분의 명칭

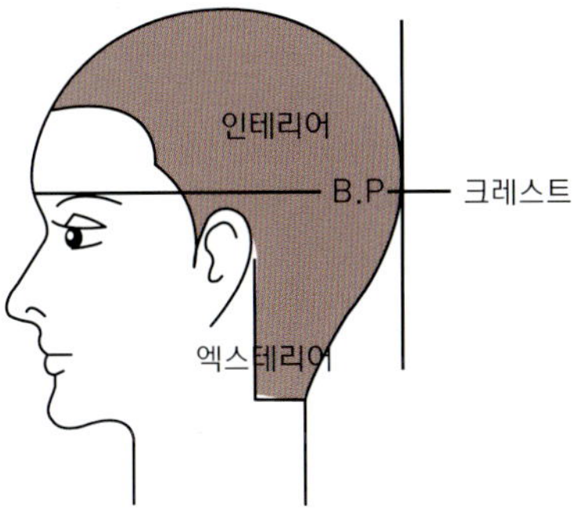


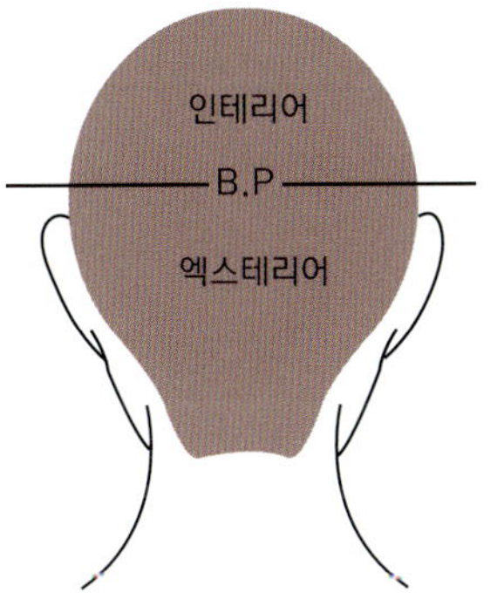


## 4. 두상의 부위별 명칭

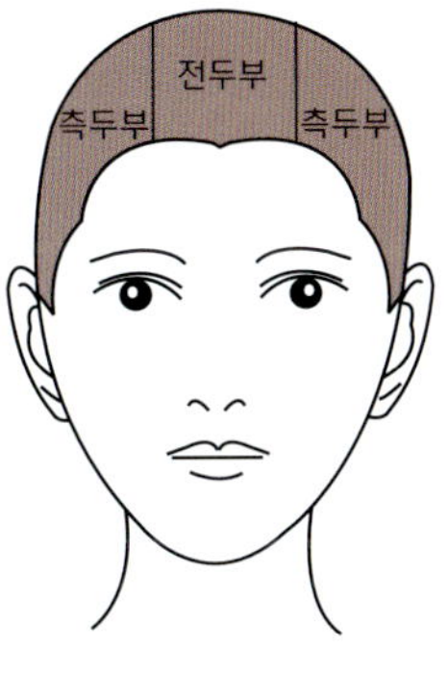


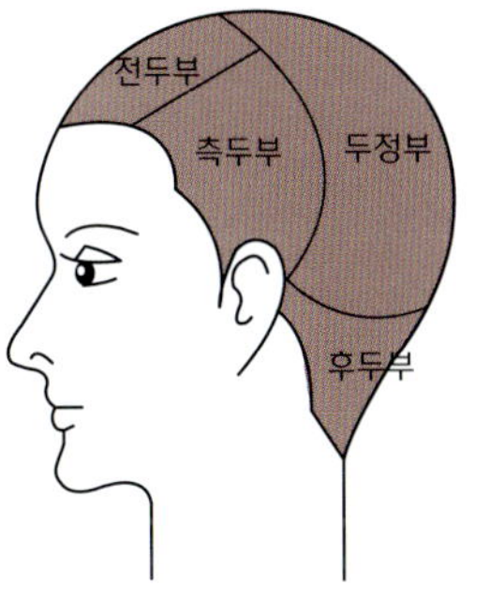


① 전두부(Front)는 얼굴 주위와 밀접한 관계를 가지고 있으며 얼굴의 전체적 균형에 많은 영향을 미친다.

② 측두부(Side)는 옆선의 이미지를 연출되는 곳으로 사이드나 아웃라인의 모양, 질감을 형성하는 곳이다. 짧은 모발은 이곳에서 얼굴형의 이미지가 결정된다.

③ 두정부(Crown)는 두상에서 가장 높고 넓은 영역으로 헤어스타일의 전체적인 질감이나 볼륨, 형태를 좌우한다.

④ 후두부(Nape)는 커트의 형태를 결정 짓은 영역으로 두상에서 가장 낮은 곳에 위치하고 있으며, 두상의 아웃라인이나 길이를 결정하는 곳이다.

■ 두상의 15포인트와 명칭을 써넣으세요.

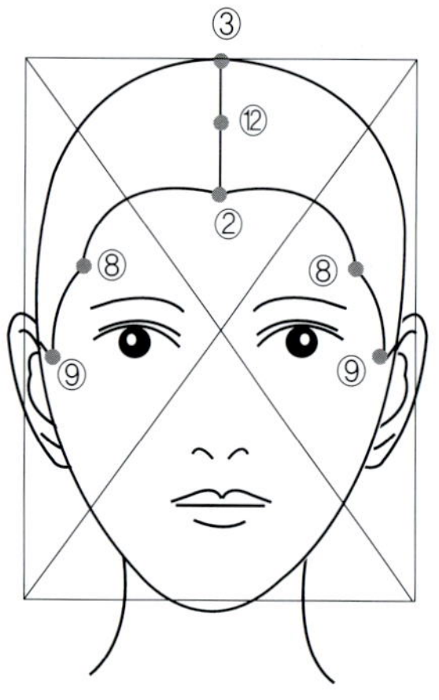


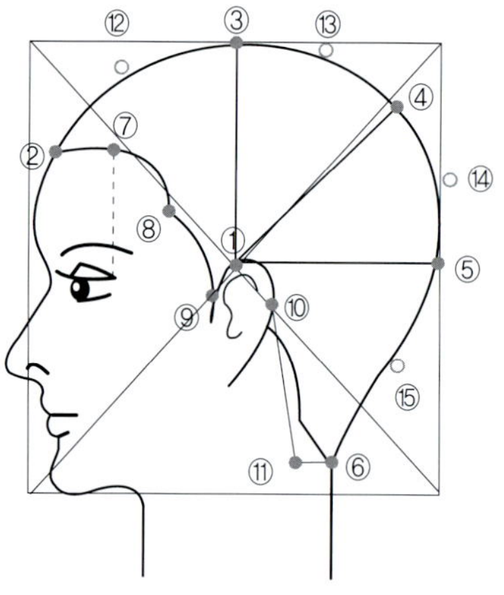


①

②

③

④

⑤

⑥

⑦

⑧

⑨

⑩

⑪

⑫

⑬

⑭

⑮

## 5. 헤어커트의 4가지 기본형

| 기본형 | 원랭스<br>(One Length) | 그래쥬에이션<br>(Graduation) | 인크리스 레이어<br>(Increase Layer) | 유니폼 레이어<br>(Uniform Layer) |
|---|---|---|---|---|
| 구조 | 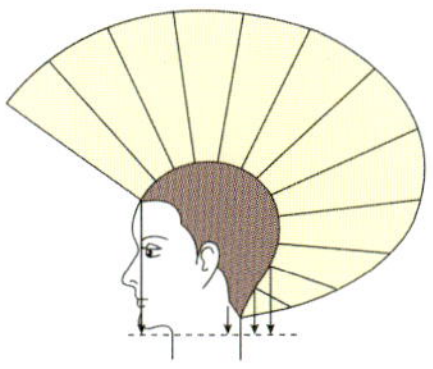 | 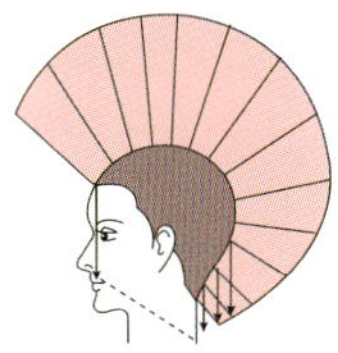 | 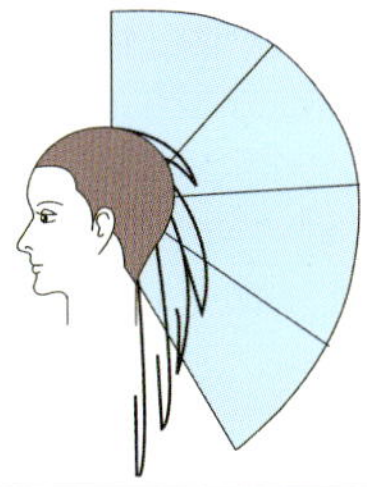 | 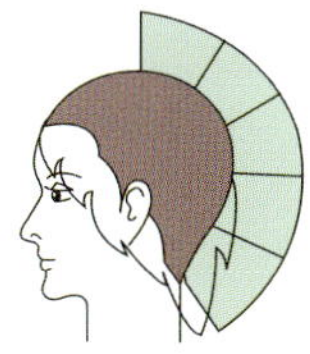 |
| | 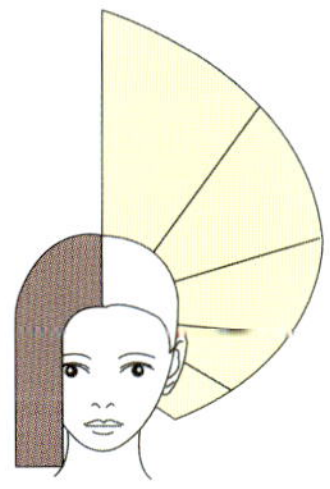 | 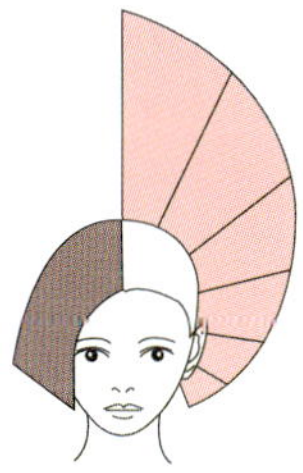 | 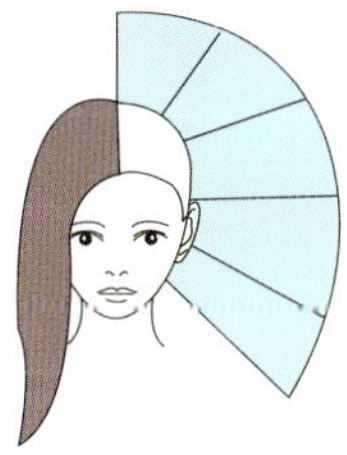 | 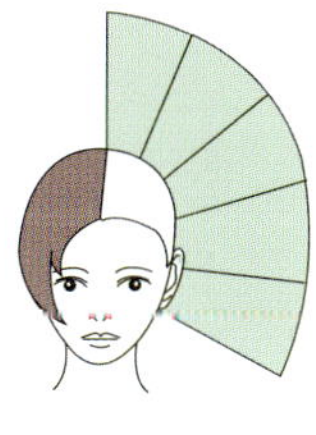 |
| 질감 | 100% 언엑티베이트 | 혼합형 | 엑티베이트 | 100% 엑티베이트 |
| 모양 | 종형 | 삼각형 | 긴 타원형 | 원형 |
| 특징 | • 네이프에서 톱 쪽으로 갈수록 길이가 증가한다.<br>• 모든 모발 길이가 한 레벨로 떨어진다.<br>• 주변머리에서 최대의 무게감이 생긴다.<br>• 시술각: 0°, 자연 시술각 | • 네이프에서 톱 쪽으로 갈수록 길이가 증가한다.<br>• 시술각에 의해 경사선이 생기고 무게 지역, 무게 선, 릿지라인이 있다.<br>• 표준 시술각: 45°<br>• 시술각: 1~89° | • 톱이 짧고 네이프로 갈수록 모발이 길어진다.<br>• 집중전환 레이어링 기법 사용한다.<br>• 90° 이상의 시술각을 사용하여 전체적으로 무게가 형성되지 않고 가벼워 보인다.<br>• 아웃 레이어, 롱 레이어라고도 불린다. | • 두상에서 90° 시술각 사용한다.<br>• 무게감이 없다.<br>• 두상의 곡면과 평행하게 커트한다.<br>• 모든 모발의 길이가 동일하다.<br>• 베이직 레이어, 세임 레이어라고도 불린다. |
| 사진 |  |  |  |  |

■ 원랭스의 헤어스타일을 붙이고 구조를 그림으로 그리세요.

헤어스타일

구조 그래픽

특징

■ 그래쥬에이션의 헤어스타일을 붙이고 구조를 그림으로 그리세요.

헤어스타일

구조 그래픽

특징

■ 인크리스 레이어의 헤어스타일을 붙이고 구조를 그림으로 그리세요.

헤어스타일

구조 그래픽

특징

■ 유니폼 레이어의 헤어스타일을 붙이고 구조를 그림으로 그리세요.

헤어스타일

구조 그래픽

특징

## 6. 원랭스 커트의 절차

### 1) 모양(Shape)

원랭스 커트의 형태 선은 4가지 패턴으로 나뉜다.

① 패럴렐 보브(수평 라인)

네이프 라인의 모발 끝을 기준으로 커트 라인이 수평으로 일직선인 스타일이다.

② 이사도라(후대각 라인)

커트 라인이 네이프보다 앞머리가 짧아지는 일직선 스타일이다.

③ 스파니엘(전대각 라인)

커트 라인이 네이프보다 앞머리가 길어지는 일직선 스타일이다.

④ 머시룸

커트 라인이 얼굴 정면에서 네이프 쪽으로 일직선인 스타일이다.

| 수평 라인 | 전대각 라인 | 후대각 라인 | 컨케이브 라인 | 컨백스 라인 |
|---|---|---|---|---|
| 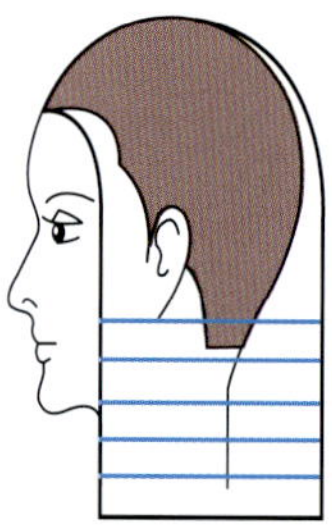 | 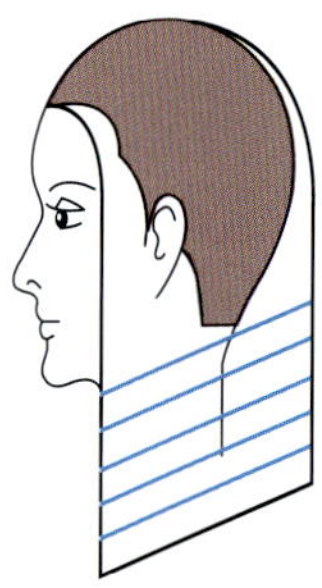 | 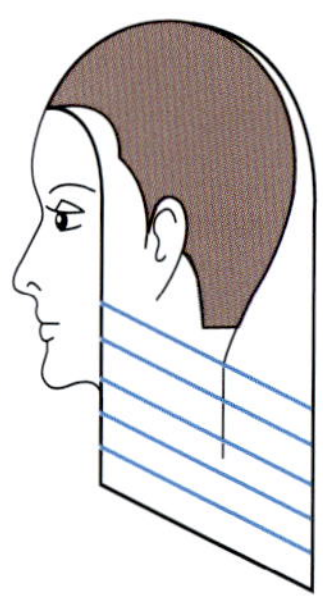 | 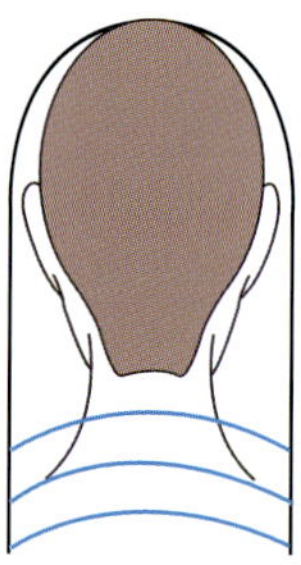 | 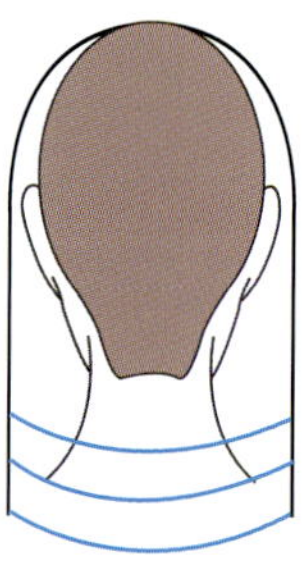 |
|  |  |  |  |  |

## 2) 구조

① 엑스테리어의 짧은 모발에서 인테리어로 모발의 길이가 증가한다.

② 모든 모발의 길이가 같은 레벨에 떨어진다.

③ 주변 머리에서 최대의 무게감이 형성된다.

④ 모발 길이에 따라서 이미지가 달라 보인다.

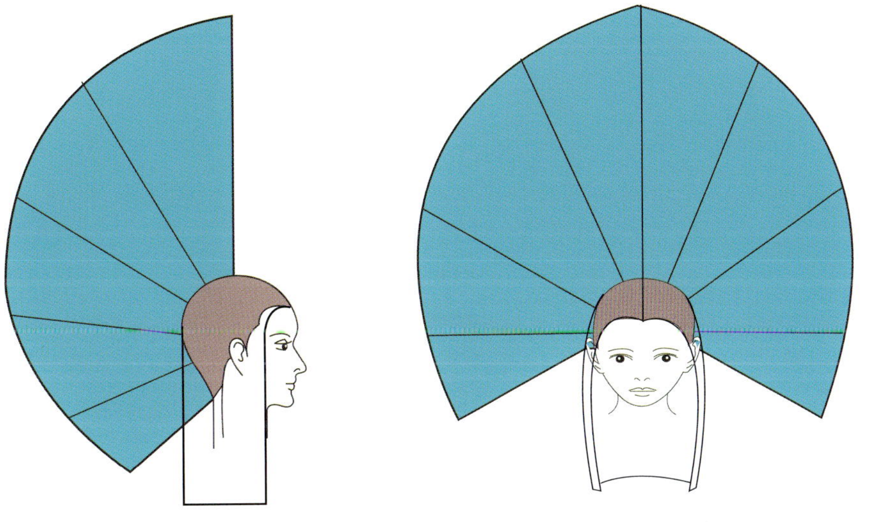

## 3) 머리 질감

① 표면이 매끄럽고 잘린 모발의 끝이 보이지 않은 매끄러운 질감(100% 언엑티베이트)

② 웨이브나 컬이 진 모발을 커트할 경우 표면이 엑티베이트 한 것처럼 보인다.

## 4) 디자인 라인

① 원랭스형은 아웃 라인에 따라 형태 선을 결정한다.

② 고정 디자인 라인을 사용한다.

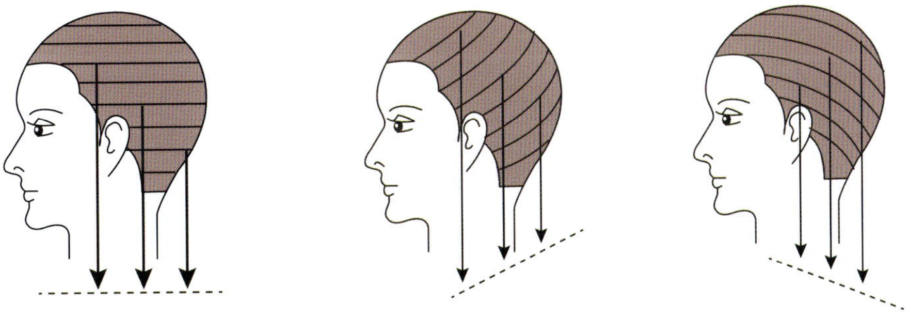

### 5) 머리 위치

① 원랭스형의 커트는 일반적으로 똑바로 세워진다.

② 고개를 숙였을 경우 안말음 효과가 있다.

### 6) 섹션 나누기 / 섹션

디자인 라인에 평행이 되게 커트한다.

### 7) 분배

① 자연 분배가 사용된다.

② 자연 분배는 성장 패턴을 고려하기 때문에 크레스트 윗부분에 특별히 주의해야 한다.

③ 텐션은 최소화한다.

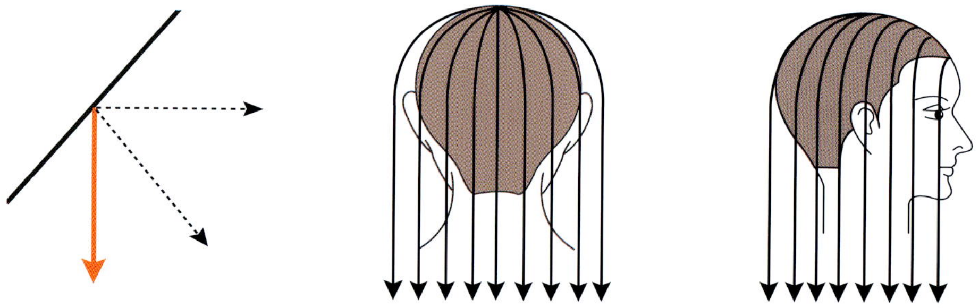

### 8) 시술각

① 원랭스형의 커트에서는 자연 시술각과 0 °이다.

② 자연 시술각은 자연 분배 상태에서 중력에 의해 모발이 자연스럽게 늘어 떨어지는 각도를 말한다.

③ 0°의 시술각에서는 베이스 섹션에 따라 모발이 두상의 표면에 편편하게 놓인다.

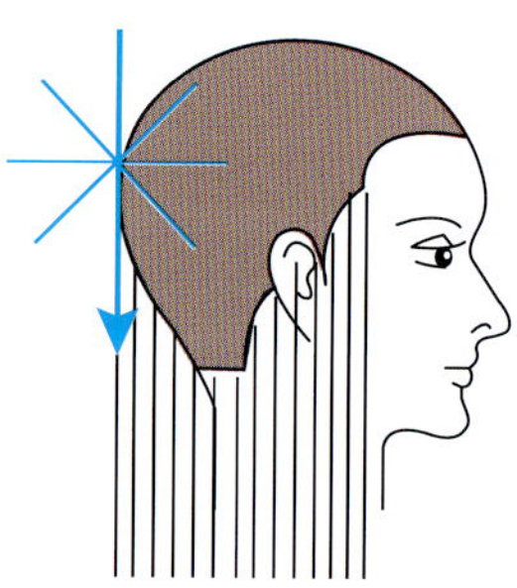

| 자연 시술각 |

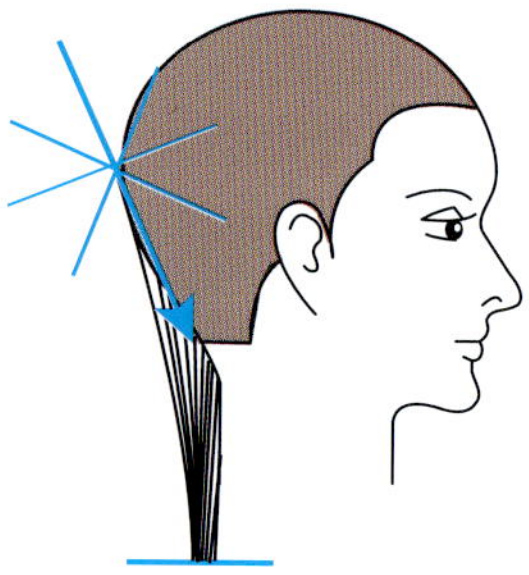

| 시술각 0° |

### 9) 손가락/ 가위 위치

① 디자인 라인에 평행한다.

② 손가락이나 손등 또는 빗으로 머리를 조절하여 커트할 수도 있다.

③ 커트를 하는 손은 손바닥을 위로 할 수도, 아래로 둘 수도 있다.

### 10) 기타

① 콤 컨트롤: 모발의 길이를 커트할 때 텐션을 최소화하기 위해 빗을 사용하며 디자인 라인, 빗, 가위 모두 평행이 되어야 한다.

② 감각 커팅: 손가락이나 다른 어떤 도구를 사용하지 않고 커트하는 방식이다.

③ 곱슬머리는 오버래핑(Over Lapping) 테크닉을 사용하며 형태 선은 가위 끝으로 정리한다.

### 11) 원랭스 커트의 종류

| 구분 | 패럴렐 보브<br>(Parallel Bob) | 이사도라<br>(Isadora) | 스파니엘<br>(Spaniel) |
|---|---|---|---|
| 특징 | · 앞머리와 뒷머리 모발 길이가 같이 바닥면과 평행한다.<br>· 평행 라인 | · 커트 선이 앞머리보다 뒤쪽의 머리가 길다.<br>· 후대각 라인 | · 커트 선이 뒤쪽보다 앞쪽의 모발 길이가 길다.<br>· 전대각 라인 |
| 도해도 | 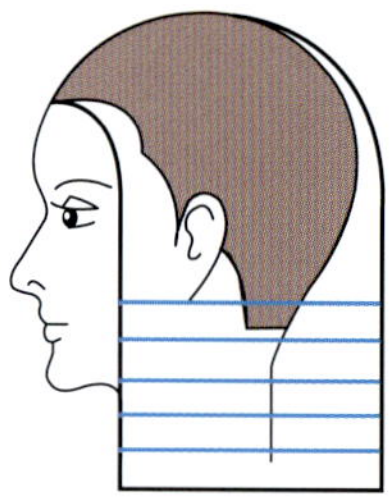 | 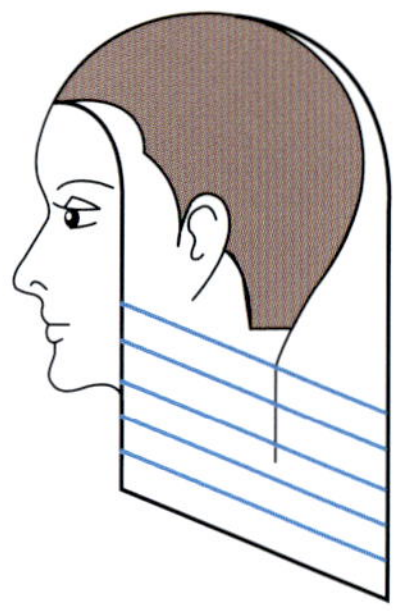 | 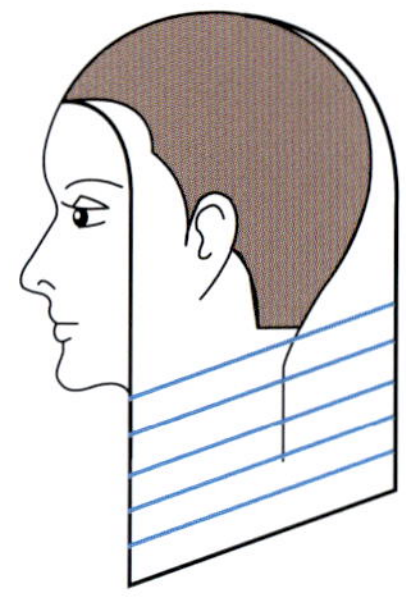 |
| 구조 | 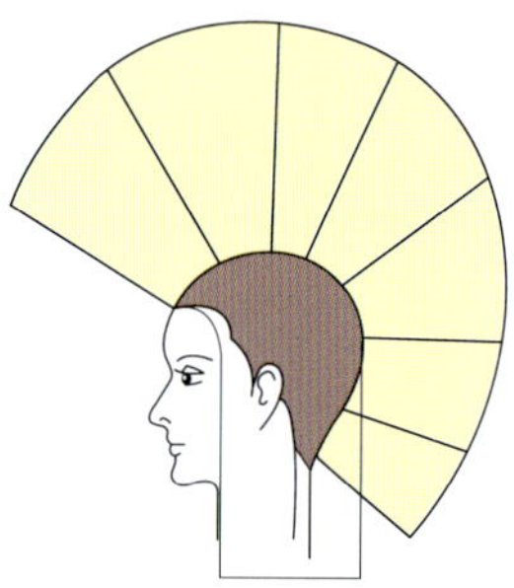 | 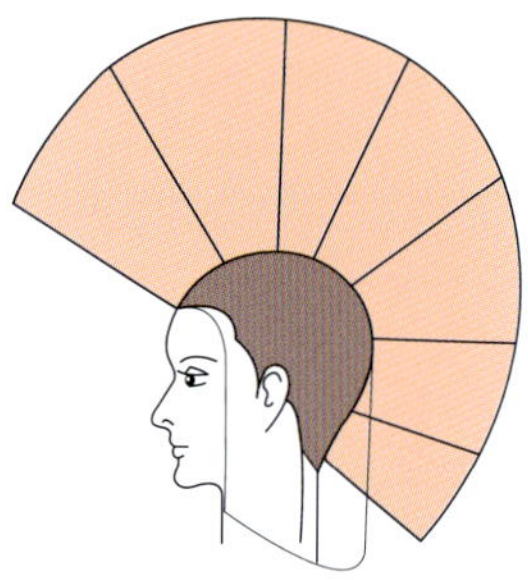 | 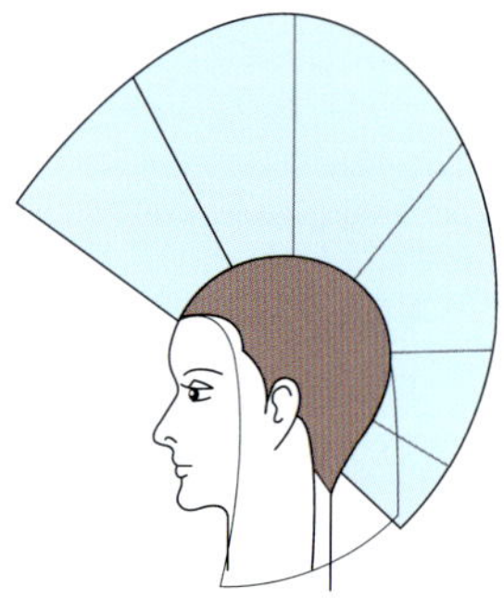 |
| 완성 |  |  |  |

■ 원랭스 커트의 헤어스타일을 붙이세요.

| 종류 | 형태선 | |
|---|---|---|
| 패럴렐 보브 (Parallel Bob) | 평행 라인 | |
| 이사도라 (Isadora) | 후대각 라인 | |
| 스파니엘 (Spaniel) | 전대각 라인 | |

## 7. 그래쥬에이션 커트의 절차

### 1) 모양

① 전체 디자인이나 특정 부분에서 톱 쪽으로 머리가 점점 길어진다.

② 머리끝은 층이 쌓인 것처럼 보인다.

③ 기본적으로 삼각형 모양을 갖추고 있으며, 웨이브나 컬진 머리는 넓이가 더 강조된다.

### 2) 구조

① 엑스테이어의 짧은 길이가 인테리어의 긴 길이로 진행한다.

② 시술각 상태에서는 모발 끝이 서로 촘촘히 쌓여 하나의 각을 이룬다.

### 3) 무게

① 무게 선은 가장 긴 길이가 떨어지는 곳이다.

② 무게 지역은 모양의 가장 넓은 코너 부분에 생긴다.

③ 능선은 매끈한 질감과 매끈하지 않은 질감이 만나는 곳에 위치한다.

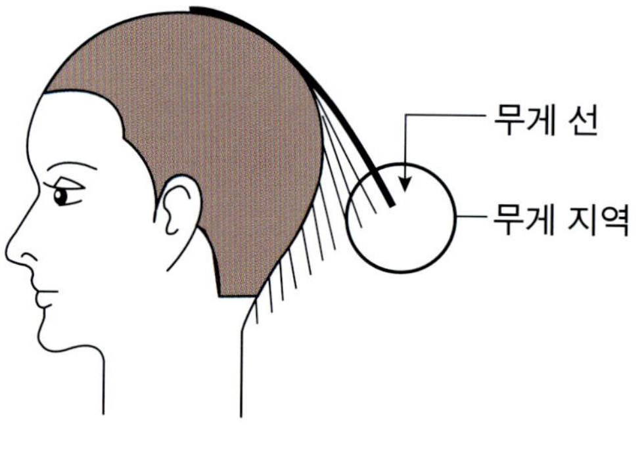


### 4) 머리 질감

인테리어는 부드럽고 매끈한 머릿결로 언엑티베이트, 엑스테리어는 거친 머릿결로 엑티베이트로 혼합형 질감이다.

### 5) 그래쥬에이션의 3가지 모양

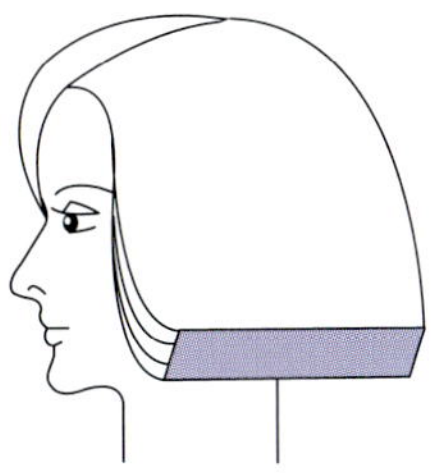

| 능선이 디자인 라인 평행 |
(평행 그래쥬에이션)

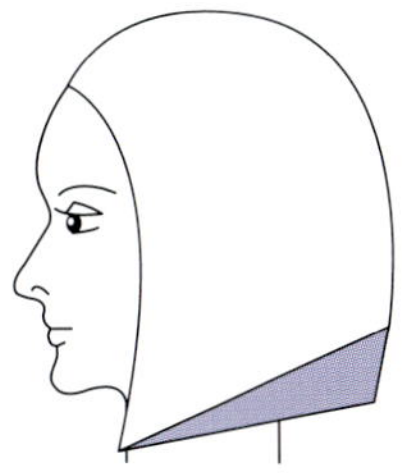

| 얼굴을 기준으로 양이 증가/ 전대각 |
(증가 그래쥬에이션)

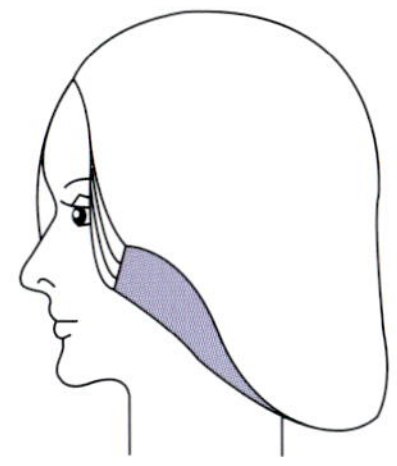

| 얼굴을 기준으로 양이 감소/후대각 |
(감소 그래쥬에이션)

### 6) 디자인 라인

① 수평 또는 대각의 디자인 라인으로 커트을 시술한다.

② 디자인 라인은 고정, 이동 또는 이 두 가지 혼합형을 사용할 수 있다.

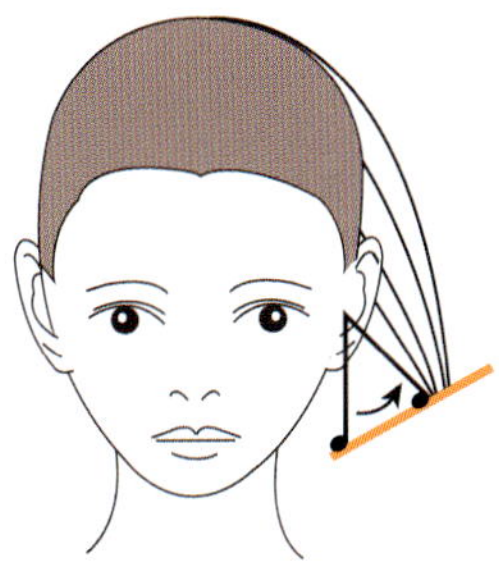

| 고정 |

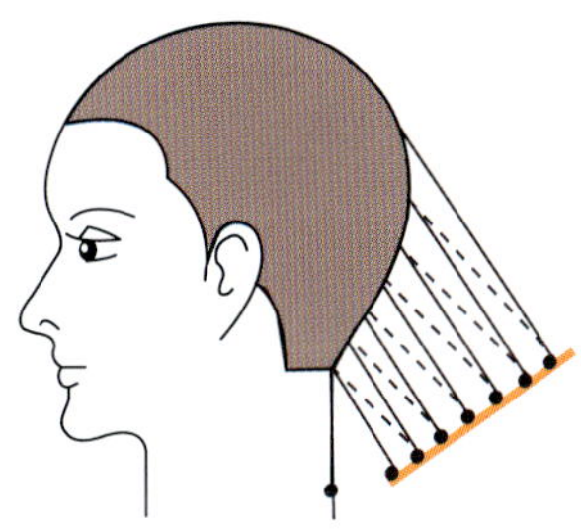

| 이동 |

### 7) 섹션 나누기 / 섹션

① 일반적으로 디자인 라인이나 시술각이 바뀌는 부분에서 섹션을 나눈다.

② 그래쥬에이션 형을 만드는데 사용되는 섹션은 의도한 형태 선과 평행이다.

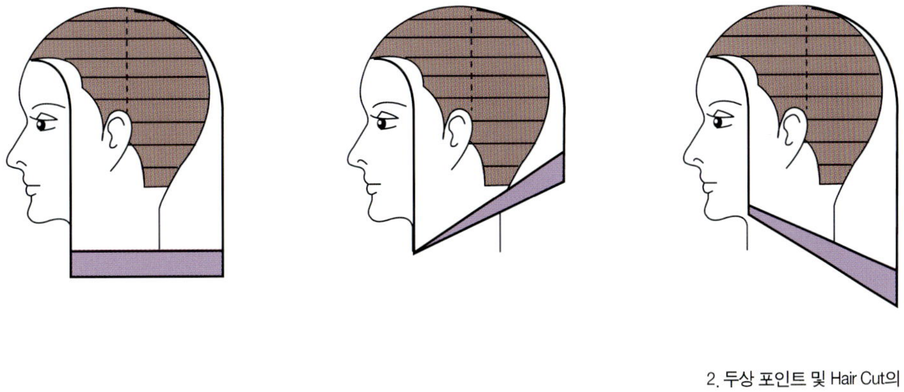

### 8) 분배

그래쥬에이션형은 자연 분배, 직각 분배, 변이 분배를 사용한다.

### 9) 시술각

① 표준 시술각(45°)은 그래쥬에이션을 만들 때 가장 많이 사용된다.

② 낮은 시술각(Low Projection): 1~30°

③ 중간 시술각(Medium Projection): 31~60°

④ 높은 시술각(High Projection): 61~89°

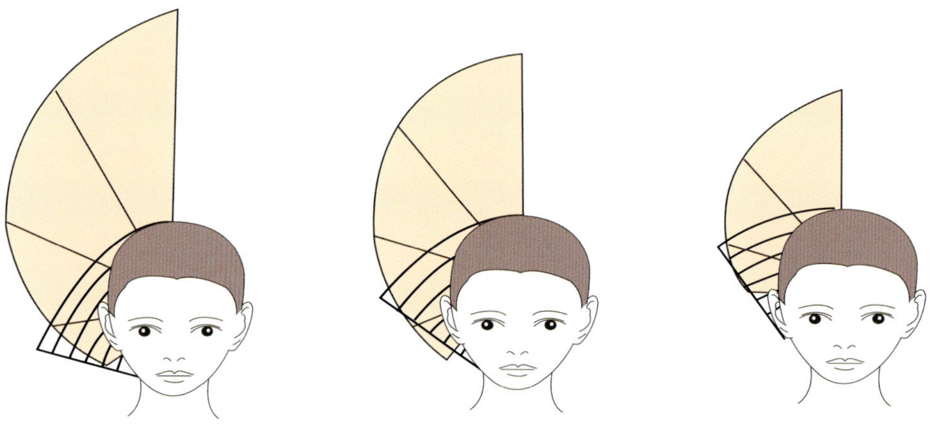

| 낮은 시술각 | | 중간 시술각 | | 높은 시술각 |

### 10) 손가락 / 가위 위치

대부분 커트에서 손가락의 위치는 베이스 섹션과 평행이다.

## 11) 그래쥬에이션 커트의 종류

| | 로우 그래쥬에이션<br>(Low Graduation) | 미디엄 그래쥬에이션<br>(Medium Graduation) | 하이 그래쥬에이션<br>(High Graduation) |
|---|---|---|---|
| 특징 | • 시술 각도 1~30°<br>• 무게 선에 의한 볼륨이 낮은 위치에 생성 | • 시술 각도 31~60°<br>• 무게 선에 의한 볼륨이 중간이거나 중간보다 약간 낮은 위치에 생성 | • 시술 각도 61~89°<br>• 무게 선의 볼륨이 높은 위치에 생성 |
| 도해도 | 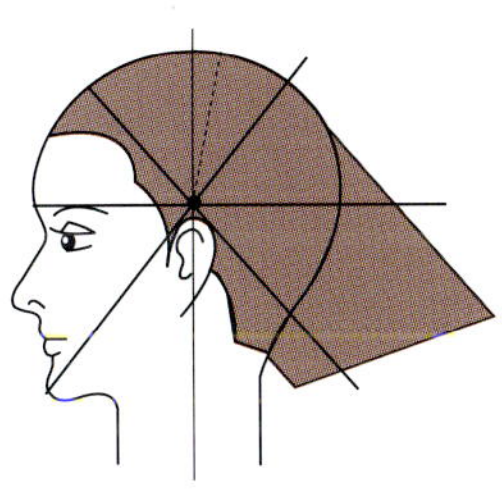 | 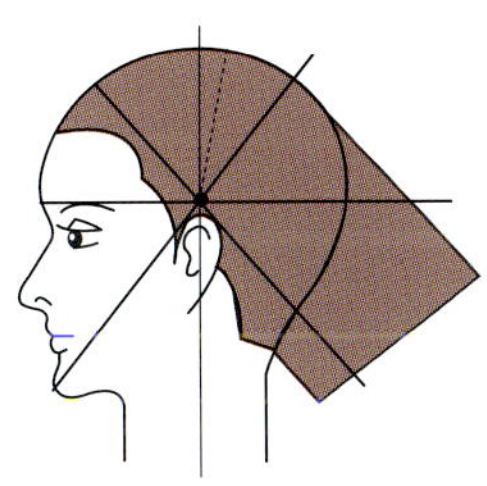 | 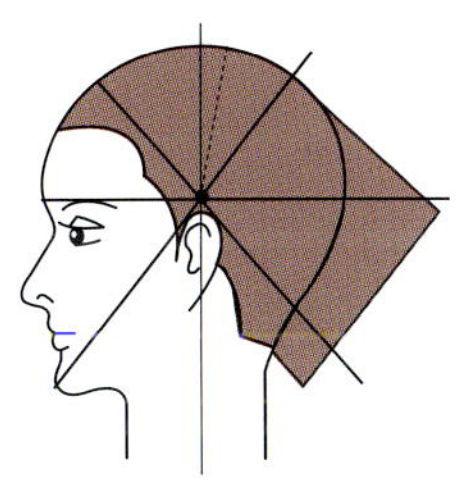 |
| 구조 | 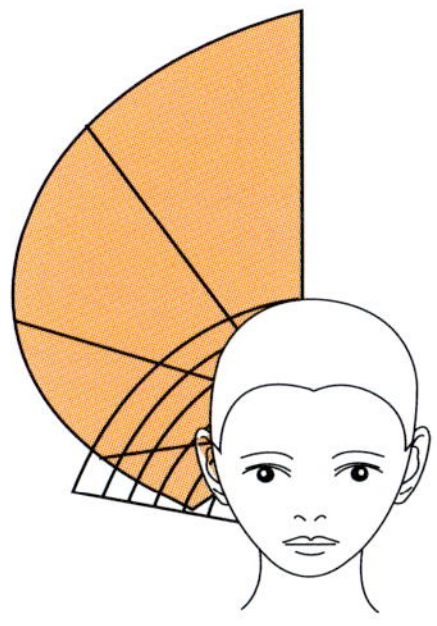 | 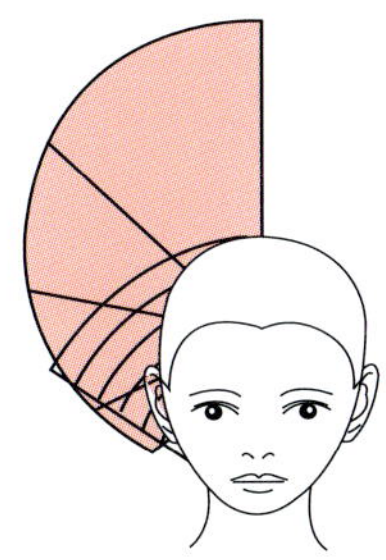 | 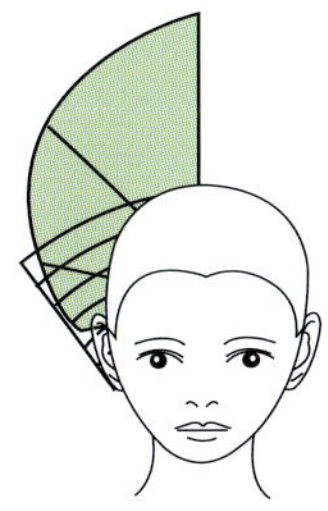 |
| 완성 |  | 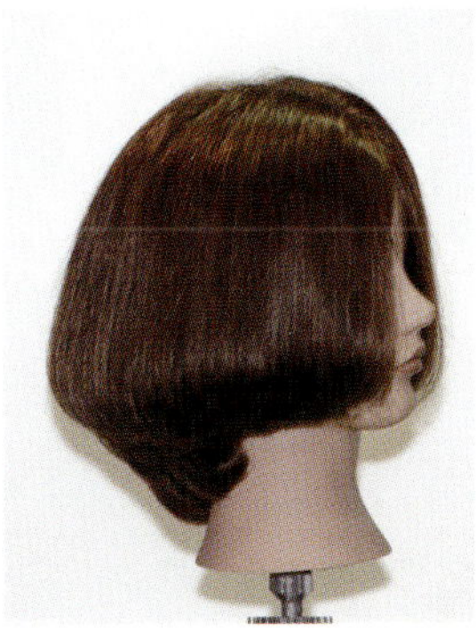 |  |

■ 그래쥬에이션 커트의 헤어스타일을 붙이세요.

| 종류 | 형태선 | |
|---|---|---|
| 그래쥬에이션 | 후대각 라인 | |
| | 전대각 라인 | |

## 8. 유니폼 레이어 커트의 절차

유니폼 레이어형은 톱과 네이프의 모발 길이가 같으며 둥근 모양으로 모발에 많은 단차를 주는 커트로 엑티베이트한 질감을 가지고이다. 모발을 두상에서 90°들어서 커트한다.

### 1) 모양

두상의 곡면과 평행한 둥근 모양이 특징이다.

### 2) 구조

① 모든 모발의 길이가 동일하며 무게감이 생기지 않는다.

② 다양한 길이로 시술할 수 있지만 짧거나 중간 길이에 주로 사용된다.

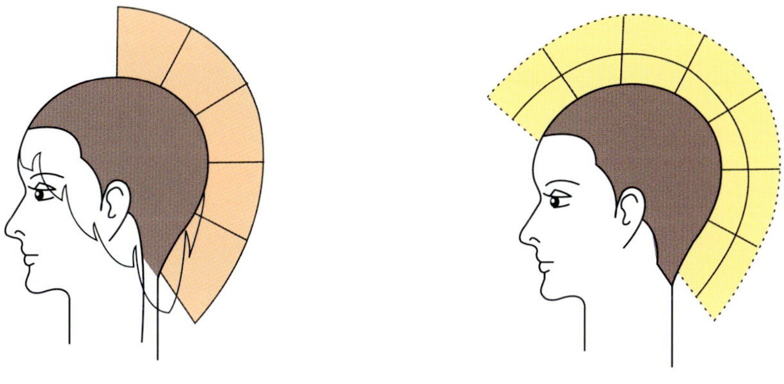

### 3) 머리 질감

① 모발 끝이 100% 잘린 머리끝이 보이는 형태로 질감이 엑티베이트하다.

② 커트 시 자르는 곳으로 몸이 같이 움직여야 하며, 특히 길이 감소에 유의해야 한다.

③ 웨이브 시술 시 볼륨감과 입체감을 높일 수 있다.

### 4) 머리 위치

일반적으로 똑바로 형을 많이 사용한다.

### 5) 섹션

수평, 수직, 피벗 섹션을 사용할 수 있으며 시술 시 정확성을 위해 너무 큰 섹션을 사용하지 않는 것이 좋다. 가장 자주 사용된다.

### 6) 분배

직각 분배를 사용한다.

### 7) 시술각

두상의 곡면으로 부터 90 °를 사용한다.

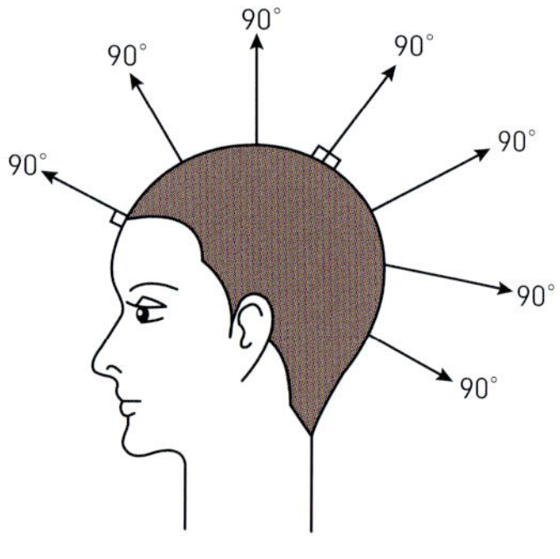


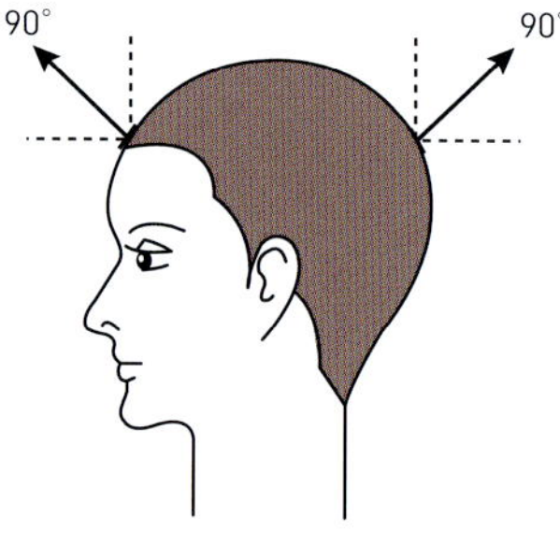


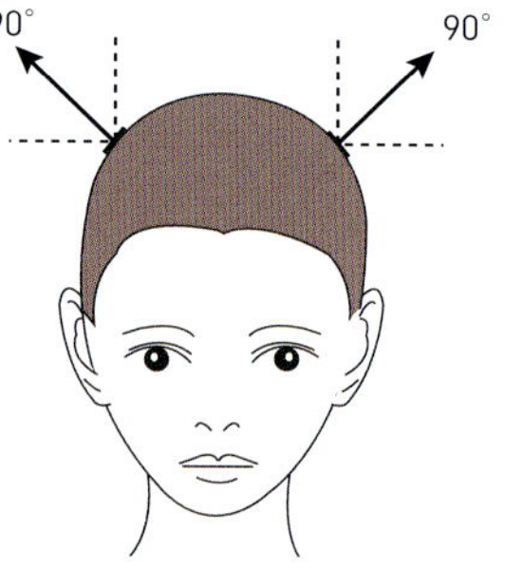


### 8) 손가락 위치

① 두상 곡면으로부터 손가락과 손은 항상 평행하게 놓여야 한다.

② 손가락 두 마디 이상 커트하지 않아야 동일한 길이를 얻을 수 있다.

## 9. 인크리스 레이어 커트의 절차

긴 머리 길이를 유지하며 층을 줌으로써 볼륨감과 생동감을 살려주며 다양한 변화가 가능하다.

### 1) 인크리스 레이어 분석

① 인크리스 레이어 형은 머리의 길이를 유지하면서 머리에 층을 줌으로 볼륨감, 질감, 그리고 생동감을 살려 준다.

② 인기 있고 다양한 변화가 가능한 형이다.

③ 인크리스 레이어 형의 질감은 형태 전체 또는 일부분에 만들어 줄 수 있다.

### 2) 모양

모발 길이가 점점 길어지는 형태로 윤곽의 형태는 자유롭게 변형할 수 있으며, 길게 늘어진 타원형를 띠고 있다.

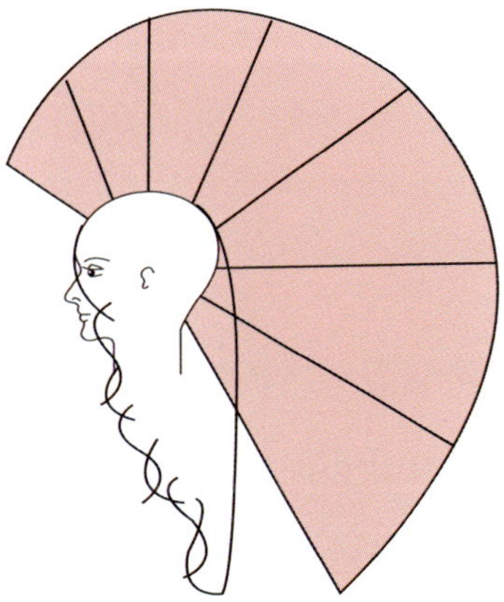

### 3) 구조

길이 배열은 인테리어의 짧은 길이가 엑스테리어로 갈수록 긴 길어지는 구조로 다른 형보다 가벼운 느낌을 준다.

### 4) 머리 질감

모발의 잘린 머리끝이 전체적으로 보이는 엑티베이트한 질감이다.

### 5) 머리 위치

① 일반적으로 두상을 똑바른 형이 가장 많다.

② 인크리스 형을 자를 때 고개를 앞으로 숙임으로써 쉽게 커트를 할 수 있다.

### 6) 디자인 라인

① 가장 일반적인기법은 집중 전환 레이어링 기법이다.

② 고정 디자인 라인을 사용한다.

③ 인테리어의 모발이 단일 고정 디자인 라인에 이를 만큼 길이가 충분하지 못할 경우 다중 디자인 라인을 사용한다.

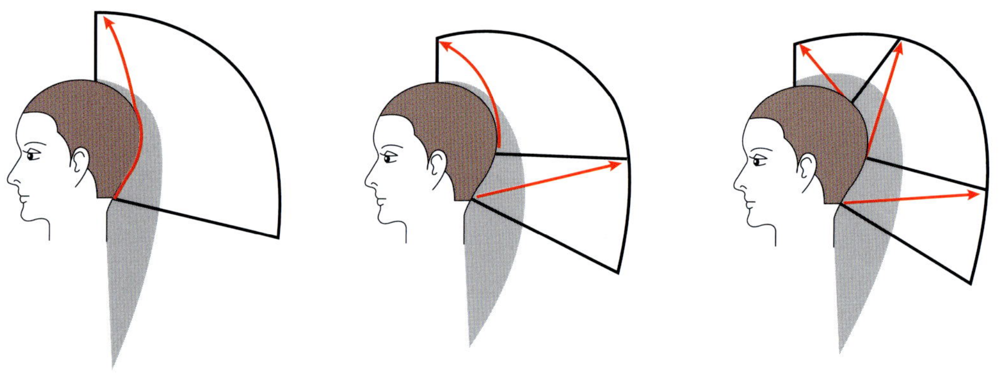

### 7) 섹션

① 수직: 얼굴 주변에 짧은 길이가 생기고 뒤로 갈수록 감소한다.

② 수평: 두상 둘레에 같은 질감이 생긴다.

③ 대각: 원하는 대각선과 반대 방향으로 나눈다.

④ 일반적으로 직각 분배가 일반적으로 사용한다.

### 8) 시술각

① 모든 머리가 모이는 고정 디자인 라인의 시술각을 사용한다.

② 90°를 많이 사용하나 머리가 닿는 거리에 따라 시술각이 증가하거나 감소한다.

### 9) 손가락, 가위 그리고 손의 위치

손가락과 가위의 위치는 원하는 모발의 길이에 따라 평행 또는 비평행이 될 수도 있다.

### 10) 레이어 커트의 종류

| | 유니폼 레이어 | 인크리스 레이어<br>(수직/피벗) | 인크리스 레이어<br>(위로 똑바로) |
|---|---|---|---|
| 특징 | • 두상 90°<br>• 무게감 없음<br>• 모발의 길이가 동일 | • 시술 각도 0°, 45°, 90°<br>• 톱에서 네이프로 갈수록 모발 길이 증가 | • 고정 가이드라인<br>• 층이 많이 생김<br>• 두상 둘레에 같은 질감 생김 |
| 도해도 | 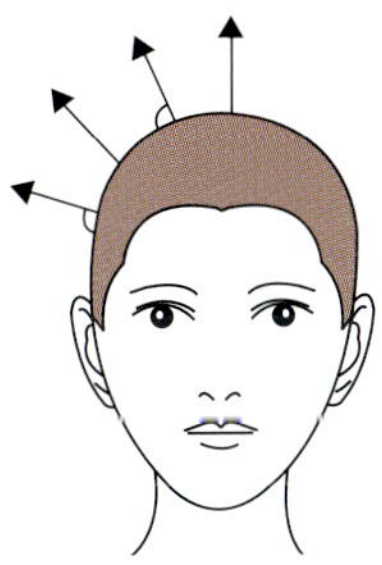 | 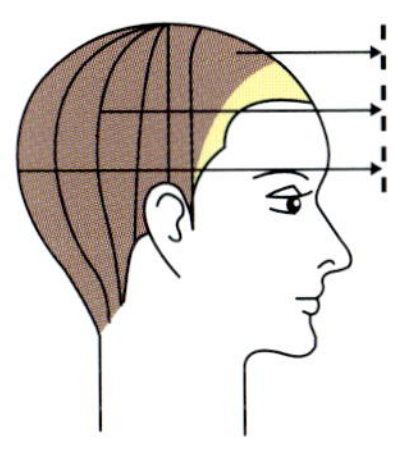 | 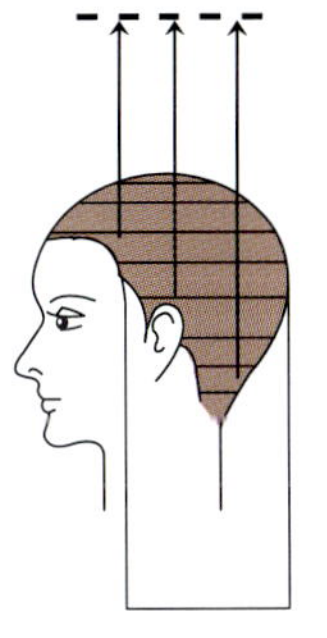 |
| 구조 | 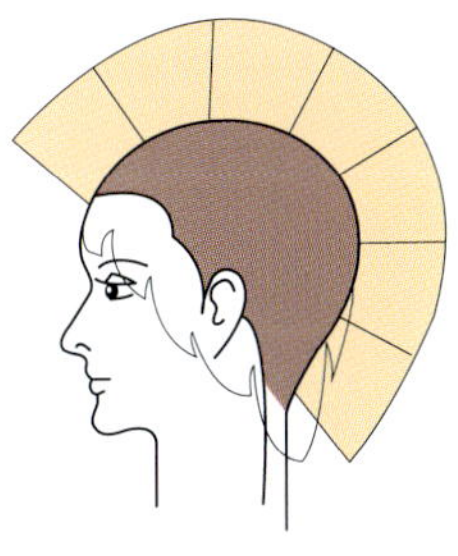 | 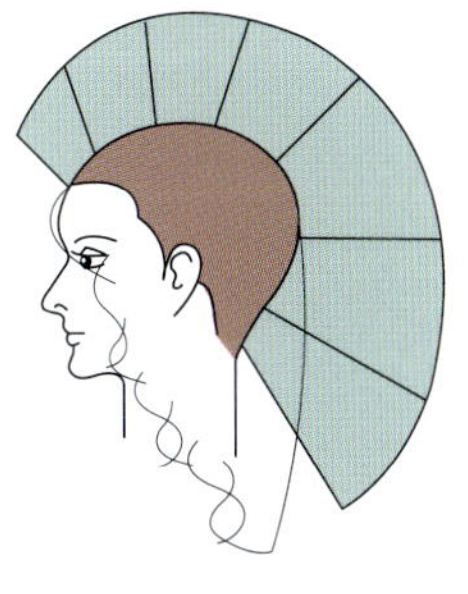 | 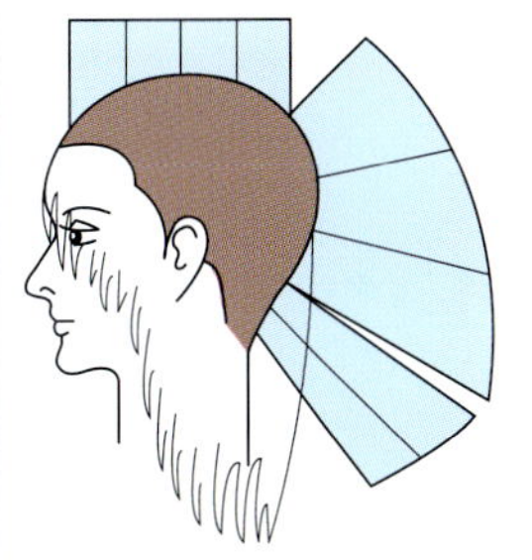 |
| 완성 |  |  |  |

■ 레이어 커트의 헤어스타일을 붙이세요.

| 종류 | |
|---|---|
| 유니폼<br>레이어 | |
| 인크리스<br>레이어 | |

CHAPTER 03

# 도구 분석 (가위, 레이저, 틴닝 가위, 빗, 클리퍼)

헤어디자인 결정에 따라 커트할 모발 형태와 사용할 기법이 결정하며, 어떠한 도구를 사용할 것인가는 도구에 대한 숙련 정도와 어떠한 결과를 원하느냐에 따라 다르다. 선택된 도구는 형태 선에서 질감의 변화를 가져올 수 있다.

## 1. 가위(Scissors)

가위는 지레의 원리를 응용하여 만들어진 도구로서 커트 시술 시 가위의 선택은 개인적인 선호나 원하는 결과에 따라 다르게 선택한다.

### 1) 가위의 구조

가위는 이동날(동인)과 고정날(정인), 조임쇠(선회축)로 구성되어 있다.

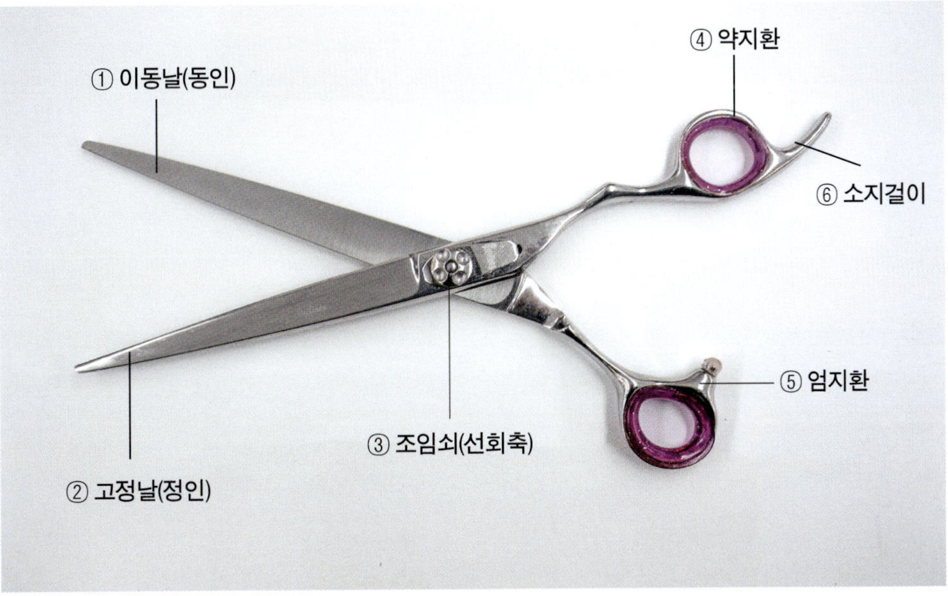


| 가위의 구조 |

① 이동날(Moving Blade) : 엄지손가락에 의해 조작되는 움직이는 날

② 고정날(Still Blade) : 약지손가락에 의해 조작되는 움직이지 않는 날

③ 조임쇠(Pivot Point) : 가위를 느슨하게 하거나 조이는 역할

④ 약지환(Finger Grip) : 정인에 연결된 원형의 고리로 약지손가락을 끼워 넣는 곳

⑤ 엄지환(Thumb Grip) : 동인에 연결된 원형의 고리로 엄지손가락이 위치하는 곳

⑥ 소지걸이(Finger Brace) : 약지환에 이어져 있으며 새끼손가락을 걸기 위한 곳

## 2) 가위의 종류

가위는 재질에 따라 착강 가위와 전강 가위로 구분되며, 사용 목적에 따라 일반 가위, 틴닝 가위, 스트록 가위, 곡선 가위, 미니 가위로 구분된다.

(1) 재질에 따른 분류

- 착강 가위 : 협신부에 사용되는 강철은 연강, 날은 특수강
- 전강 가위 : 전체가 특수강

(2) 사용 목적에 따른 분류

- 일반 가위 : 일반적으로 헤어커트에 사용되며 가위의 길이에 따라 4~7인치 정도로 구분된다.
- 틴닝 가위 : 틴닝 가위는 숱 가위라고도 불리며 모발의 길이를 자르지 않고 모량을 조절하는데 사용한다.
- 스트록 가위 : 스트록 커트 시 많이 사용되며 모발의 길이와 양을 동시에 표현한다.
- 미니 가위 : 4~5.5인치 까지의 범위에 속하는 가위로 정밀한 블런트 커트 시술시 사용한다.

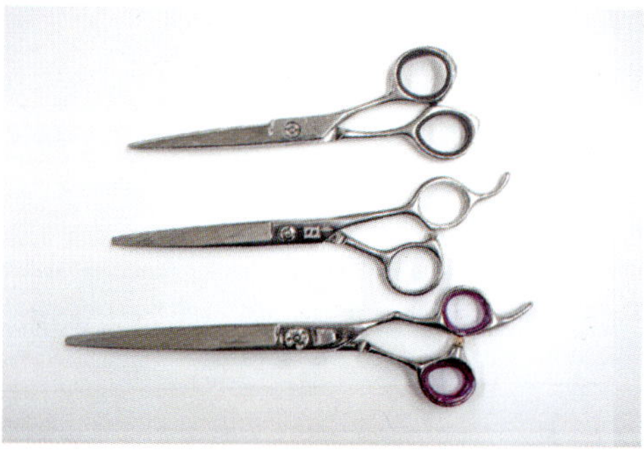

| 일반 가위의 종류 |

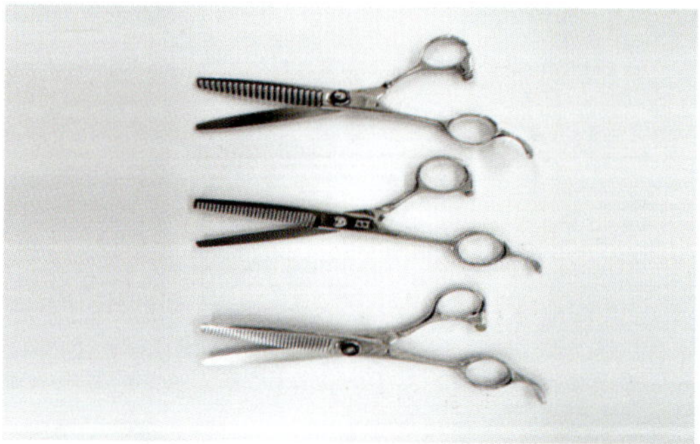

| 틴닝 가위의 종류 |

### 3) 가위 선택 시 주의점

① 협신(鋏身)으로 갈수록 날 끝이 약간 안쪽으로 자연스럽게 구부러진 것이 좋다.

② 양쪽 날의 견고함이 동일해야 좋은 날이라 할 수 있다.

③ 날이 얇고 허리가 강한 것이 좋은 날이라 할 수 있다.

④ 도금된 것은 강철의 질이 좋지 않으니 금하는 것이 좋다.

⑤ 시술자의 손에 편하고 조작하기 쉬워야 한다.

⑥ 잠금 나사가 뻑뻑하거나 느슨하지 않아야 한다.

### 4) 가위 잡는 법

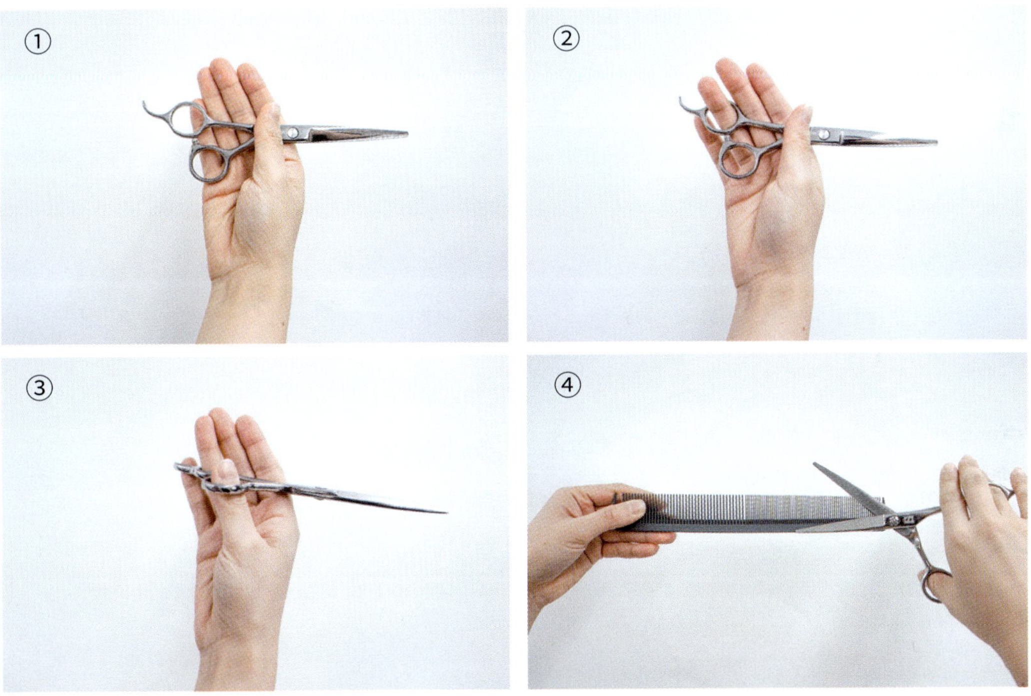


① 가위의 잠근 나사 부위가 위로 보이도록 하고 약지 손가락의 중간 매듭과 집게손가락의 첫 번째 매듭 사이에 사선으로 가위를 놓는다.

② 가위가 사선이므로 손목이 밖을 향해 45° 기울기로 비튼다.

③ 엄지손톱의 1/3을 넘지 않게 해야 가위를 개폐하기 쉬우며 엄지손가락을 사용해서 이동날을 움직여 커트한다.

④ 빗과 가위는 평행을 유지해서 커트한다.

## 2. 빗(Comb)

빗은 커트 시술 시 정확하게 모발을 분배하고 조절하거나 모발을 빗어 결을 매끄럽게 정리하는 데 사용되며 얼레살과 고운살로 이루어져 있다.

### 1) 빗의 구조

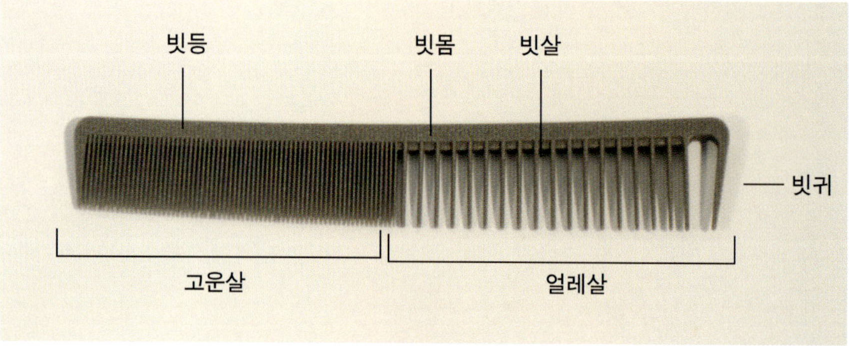


| 빗의 구조 |

① 빗등 : 빗 전체를 지탱해 주는 역할

② 빗살 : 두피의 수직으로 세워 가지런히 정리해 주는 역할

③ 빗살 끝(빗귀) : 두피에 닿아서 모발을 당겨 일으키는 역할

④ 빗몸 : 일직선으로 가지런해야 하며 끝이 둥근 것이 좋다.

⑤ 고운살(빗질할 때) : 모발을 분배하거나 빗을 때 사용한다.

⑥ 얼레살(섹션을 뜰 때) : 블로킹이나 섹션을 나눌 때 사용한다.

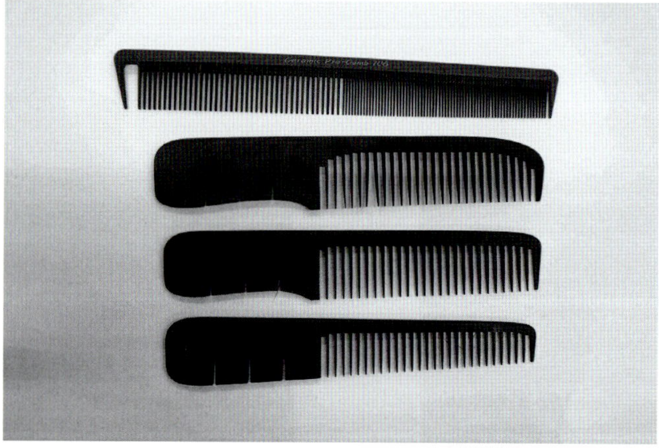

| 빗의 종류 |

## 2) 빗과 자세

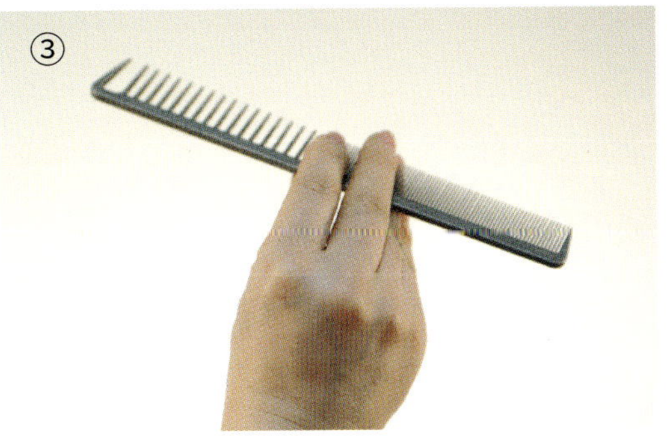

빗의 중심부에 엄지, 검지, 중지손가락를 사용하여 목적에 따라 한 방향으로 돌려가면서 사용한다.

## 3. 레이저(Razor)

레이저는 모발을 자르기도 하지만 사용 목적에 따라 질감 커트를 동시에 할 수 있다. 가위로 표현할 수 없는 미세한 부분을 질감 처리하며 모선의 가벼움, 매끄러움, 율동감을 주며 여성스러운 아름다움을 연출하기로 한다.

### 1) 레이저의 구조

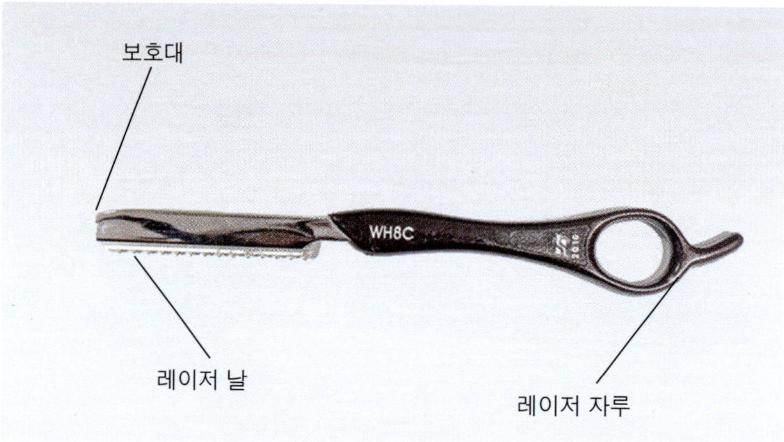


| 레이저의 구조 |

### 2) 레이저의 종류

① 일반 레이저(Ordinary Razor)

- 일반적인 레이저의 유형
- 시간상 능률적인 작업에 좋지만 너무 자를 수 있는 위험성이 커서 숙련자에게 적당하다.

② 세이핑 레이저(Shaping Razor)

- 일반 날 또는 양면 날의 유형
- 톱니식으로 되어 있어 안전성이 높으며 초보자에게 적합하다.
- 시술 시 시간이 오래 걸려 비능률적이다.

### 3) 특징

① 레이저를 사용하여 모발에 테이퍼링 할 경우 모발 끝에 생동감과 부드러움을 줄 수 있다.

② 모발 끝이 가늘고 부드럽게 약간 확장된 형태 선 만든다.

③ 전체 커트나 질감 처리 시 모두 사용이 가능하다.

### 4) 레이저 커트의 방법

① 웨트 커트(Wet Cut)로써 물기는 전체적으로 균등하게 분무한 다음 시술한다.

② 수분이 고르게 분무되지 않을 때는 머리카락이 당겨져서 아픔을 주며, 원하는 커트의 길이가 일정하지 않고 마른 모발을 레이저로 커트 시 모발의 손상을 줄 수 있다.

③ 모발의 테이퍼 함에 따라 모발의 겹침에 변화가 생겨 새의 깃털처럼 부드럽고 가벼운 질감을 가진다.

④ 레이저를 이용하여 모발을 자르는 것을 테이퍼링(Tapering)이라고 한다.

⑤ 날과 스트랜드의 각도는 예각이 되도록 한다.

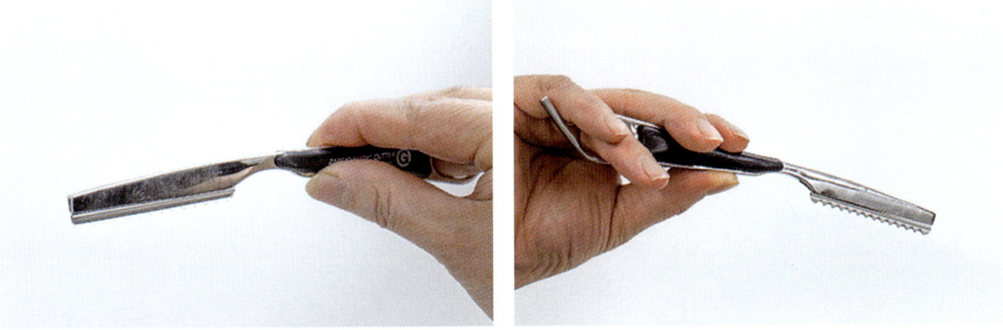

| 커트할 경우 |

| 테이퍼링 커트할 경우 |

| 모량을 정리할 경우 |

## 4. 틴닝 가위(Thinning Scissors)

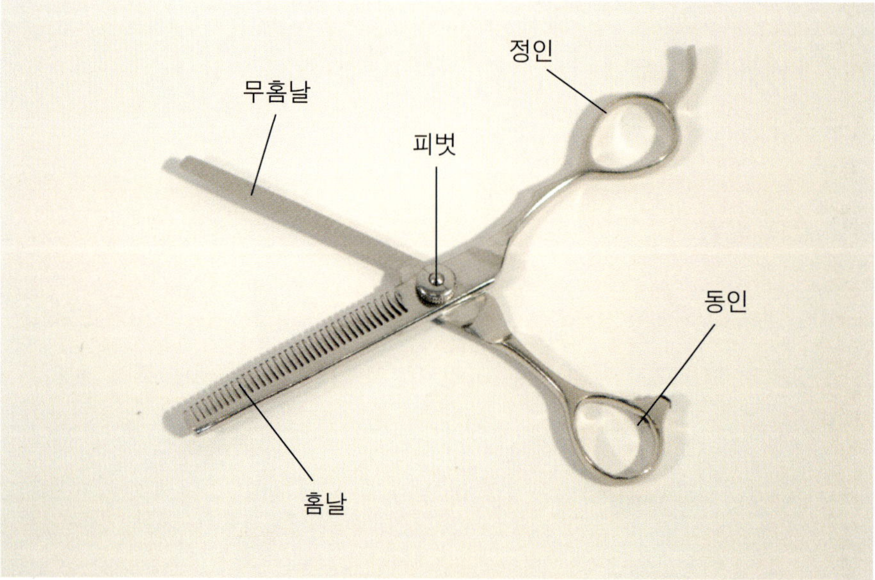


| 틴닝 가위의 구조 |

### 1) 틴닝 가위의 사용 방법

① 모발의 길이는 줄지 않고 전체적인 모발 숱만 감소시키는 방법이다.

② 틴닝 가위를 사용하여 커트 시 모발의 양이 많을 사람에게 커트 시술 전에 모발의 양을 적당히 조절하는 경우에 사용된다.

③ 시술하기 전에 어느 부분에 시술할 것인지 미리 정하고 사용해야한다.

④ 모발의 양을 감소시키고 자연스러운 라인을 만들어 주고 질감처리를 하기에 좋은 도구이다.

### 2) 틴닝 가위 날의 간격과 시술 방법

모량에 대해 부피를 줄이고 생동감을 만들거나 짧은 모발에 질감을 주기 위해 사용된다.

| inch/틴닝 가위 날의 간격 | 특징 |
|---|---|
| 1/8 inch(20발 이하)  | 1/8인치 틴닝 가위는최소한의 모량을 제거해 주기 때문에 테이퍼를 약간만 해주고자 할 때 사용된다. |
| 1/16 inch(27~33발) 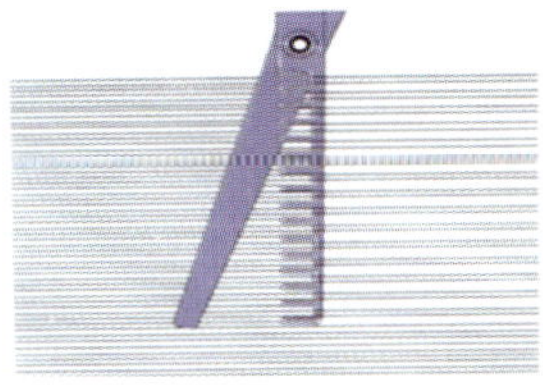 | 1/16인치 틴닝 가위는 중간 정도의 모량을 제거할 때 사용하며 이 기법은 무게감을 줄여 주고 생동감을 준다. |
| 1/32 inch(40발 이상)  | 1/32인치 틴닝 가위는 많은 질감을 만들어 주기 때문에 모량을 최대한으로 제거해 주고자 할 때 사용된다. |

### 3) 틴닝 가위로 가로와 세로 패널 잡는 방법

① 양감을 균일하게 할 때 사용하며, 틴닝 가위를 단독 사용 시 라인에 자국이 남음으로 다른 테크닉과 조합하여 사용하면 좋다.

② 틴닝 가위를 개폐하면서 커트해 나가고 한 번에 몇 번씩 같은 부분을 자르면 자국이 확실히 나므로 주의한다.

| 틴닝 가위의 패널 잡은 방법 | | | 특징 |
|---|---|---|---|
| 틴닝 가위를 가로로 넣을 때 |  |  | 모량을 균일하게 감소하고 싶을 때 사용된다. |
| 틴닝 가위를 세로로 넣을 때 |  |  | 아우트라인과 잘 융합되게 하고자 할 때. 가위의 개폐 수에 따라 모량을 조절한다. |

## 5. 클리퍼(Clipper)

클리퍼는 코터의 동력에 의해 유동 날이 좌우로 빠르게 이동함에 따라서 모발을 절단하는 도구이다. 이 도구는 1871년 프랑스의 바리캉(barican)에 의해 발명되었으며, 보통 바리캉이라고 부른다. 우리나라는 1910년에 일본으로부터 수입하여 보급되었다.

| 클리퍼의 구조 |

### 1) 클리퍼의 구조

① 위날 : 좌우로 움직여서 밑 날과 함께 모발을 절단하는 작용을 한다.

② 아래날 : 위날과 함께 모발을 자르는 역할 및 모발을 같은 길이로 간추리는 빗의 작용을 한다.

### 2) 클리퍼의 종류

### 3) 빗과 클리퍼

① 빗은 자 역할을, 클리퍼는 자를 댄 모발을 정확히 자른다.

② 빗, 시술각과 클리퍼의 각도는 동일하게 한다.

③빗을 정확히 대기 위해 손가락은 지지대 역할을 한다.

### 4) 클리퍼 사용 방법

① 날의 방향에 엄지를 얹는다. (날의 방향이 위로 향한다.)

② 클리퍼 뒷면 중심에 나머지 네 손가락을 얹는다. (밀어주는 역할)

③ 순간적으로 빠르게 쳐올리는 테크닉을 이용한다. (힘을 골고루 분배하기 위해)

1

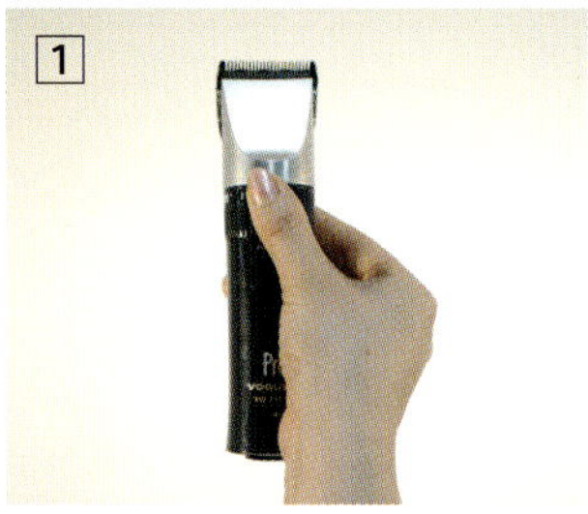

2

3

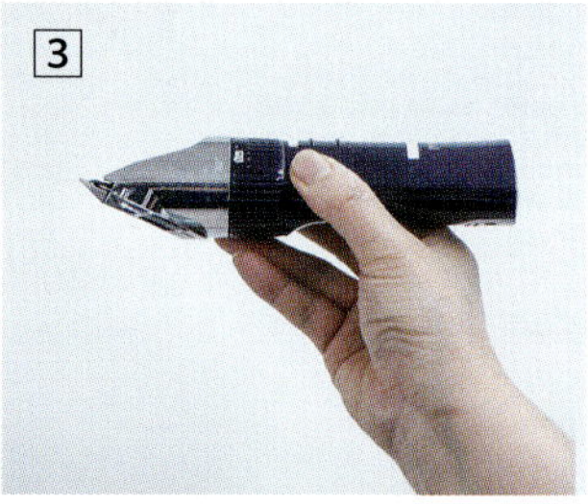

1 날의 방향을 위로 향한다. 이러한 자세는 B.P 아래에서 많이 사용한다.

2 클리퍼의 부분에 네 손가락을 얹어서 클리퍼를 밀어준다.

3 B.P 윗부분은 어깨가 올라가서 자세가 불안전하므로 연필잡는 자세로 잡는다.

CHAPTER 04

# 헤어디자인의 이미지 분석

① 신체적인 면 : 고객의 얼굴 모양, 키, 몸매(비만 혹은 날씬함, 마른형), 신체 골격 구조와 모발의 모질을 포함한다.

② 정서적인 면 : 고객의 생활 스타일, 고객이 선호하는 헤어 스타일 고려한다.

③ 기술적인 면 : 고객의 모질 등을 고려하여 원하는 스타일을 만들기 위해 필요한 디자인 과정(테크닉) 결정한다.

## 1. 얼굴형에 따른 디자인 분석

헤어 디자인을 결정할 때에는 고객의 얼굴형과 신체의 특징을 살펴보고 이를 고려해야 헤어 스타일에 적용하는 과정은 매우 중요하다. 머리형과 얼굴형, 얼굴의 특징들, 그 밖의 라이프스타일을 고려하여야 헤어 스타일로 인해 아름답게 보이도록 만드는 헤어 디자인을 할 수 있다. 상담 과정에서 고객의 신체적, 정서적, 기술적인 면을 고려하여 디자인이 결정되어야 한다.

① 헤어 스타일을 연출 때 모든 얼굴형의 기준이 되는 표준형은 달걀형으로 가장 균형 잡힌 이상적이고 아름다운 형으로 여겨지고 있으며, 달걀형에 가깝도록 헤어 스타일을 연출할 수 있도록 한다.

② 우리나라 사람들은 대다수가 머리는 너비가 넓고 납작한 편이나, 최근에 와서는 옆 얼굴이 좁아지고 이마와 뒤통수가 나온 형태로 많이 변했다.

③ 앞부분이나 뒷부분의 형태가 납작하거나 볼록할 경우 헤어 디자인의 형에 맞게 조절해서 결점을 보완할 수 있다.

④ 이마에서 눈썹, 눈썹에서 코끝, 코끝에서 턱 3등분으로 나눈다.

⑤ 얼굴 형태로는 달걀형, 사각형, 둥근형, 장방형, 역삼각형, 삼각형, 마름모형으로 나눈다.

### 1) 달걀형

| 특징 |

- 어느 곳 하나 거슬리는 곳이 없는 매끈한 인상을 주며, 어떠한 스타일도 잘 어울린다.
- 다양한 디자인을 소화할 수 있어서 선택의 폭이 넓다.
- 볼과 턱이 부드러운 느낌이며 살이 많이 붙어 있지 않다.
- 우아하고 부드러우며, 온화하고 유연하다.
- (Cut) 보이시하고 깔끔한 이미지의 커트뿐 아니라 섹시한 멋을 풍겨 강렬한 개성을 표현하는 쇼트 커트도 잘 어울리며, 스트레이트 헤어도 세련되게 잘 어울린다.
- (Wave) 윗머리를 주저 앉지 않도록 풍성하게 볼륨을 주어 복고풍 스타일로 정리하고, 앞머리는 자연스러운 컬을 살리면서 얼굴을 살짝 감싸주듯 내려주는 것도 좋은 스타일이다.

| 피해야 할 스타일 |

- 업스타일을 할 때 너무 바싹 잡아 올리지 않도록 주의를 요한다.

## 2) 둥근형

| 특징 |

- 둥근 얼굴은 동양 사람에게 가장 많으며, 턱선이 짧고 둥글다.
- 동그란 얼굴은 볼에 살이 있어서 귀여운 인상을 풍기며, 온화한 느낌을 준다. 친밀감, 원만함, 사교적, 귀여운 인상을 풍긴다.
- (Cut) 턱까지 내린 보브 스타일은 통통한 볼을 커버하고 동시에 얼굴을 드러내어 얼굴이 길어 보이게 하는 장점이며, 롱헤어보다 짧은 커트가 잘 어울린다.
- 둥근형의 얼굴은 프린지나 크라운에 높이를 더해주어 보완하므로써 길게 보이게 한다.
- 비대칭 디자인도 얼굴의 둥그런 느낌을 감소시킨다.
- 목의 길이가 적당하다면 턱선 아래쪽에 너비를 더해줘도 잘 어울린다.
- (Wave) 얼굴이 길어 보이도록 탑의 웨이브를 풍성하게 높게 하고 사이드가 부풀어 보이지 않도록 가볍게 층을 내어 큰 얼굴을 커버해 주는 스트레이트가 잘 어울린다.
- 두발을 귀 뒤로 넘기면 얼굴이 더욱 강조되므로 사이드는 자연스러운 스타일이 잘 어울린다.
- 헤어 파트는 센터 파트를 하게 되면 얼굴이 더 둥글게 보여 피해야 한다.
- 6 : 4나 7 : 3 파트가 좋다.

| 피해야 할 스타일 |

- 사이드에 볼륨을 준 웨이브 스타일은 양 볼을 더욱 통통하게 부각시켜 준다.

### 3) 장방형(직사각형) 얼굴

| 특징 |

- 세로 길이에 비해서 가로의 폭이 좁으므로 턱이 길어 날카로운 인상을 준다.
- (Cut) 특별히 디자인의 중간 부분에 너비를 강조하여 시각적으로 변화를 준다.
- 탑 부분이 좁고 돌출되어 있으며 높이를 더하지 않고 부피감을 줄 것을 권함
- (Wave) 전부를 낮게 하고 옆에 볼륨을 주도록 웨이브가 있는 펌 디자인을 연출하는 것이 효과적이다.
- 프린지(fringe)에는 웨이브가 컬을 이용하여 뱅(bang)처리를 하여 얼굴이 길어 보이지 않게 한다.
- 헤어 파트는 센타 파트를 피하고 사이드 파트를 하도록 한다.

### 4) 사각형(정사각형) 얼굴

| 특징 |

- 광대뼈와 턱이 돌출되어 강하고 당당한 편인 반면 고집스럽고 딱딱한 인상을 주기 쉽다.
- 성실하고 운동가적인 타입으로 견실하고 힘있게 느껴지며 행동적이다.
- 턱선이 부드럽고 편안한 느낌을 줄 수 있도록 헤어 스타일을 낸다.
- (Cut) 높이를 더해 주면 전체적인 모양을 길어 보이게 하는 동시에 더 부드럽게 하고 곡선 모양은 사각형 얼굴의 각진 모습을 감소시켜 준다.
- 옆선을 가볍게 층을 내어 각진 부분을 커버해 주는 스트레이트 스타일, 비대칭 헤어 스타일이 잘 어울린다.
- (Wave) 두발을 높이 치켜올려 윗머리는 풍성하게 연출하고 한쪽 귀를 살짝 가리며 부드러운 느낌을 내는 동시에 옆 폭이 좁아 보이도록 볼륨을 주지 않고 퍼머넌트 웨이브를 이용해서 턱선의 각진 모습을 감소시켜 준다.

| 피해야 할 스타일 |

- 아무런 포인트도 없이 이마를 덮는 쇼트 커트는 강한 인상을 더욱 강하게 보이게 하기 때문에 피해야 한다.

### 5) 마름모형 얼굴

| 특징 |

- 화려한 인상을 풍기는 반면 광대뼈로 인해 나이 들어 보이기 쉬우며, 이마와 턱선이 좁은 형이다.
- 특정한 가르마 없이 머리를 모두 모아 부드럽게 올린 후 핀으로 고정하는 업스타일, 그러데이션 보브 스타일은 초라하고 단조로운 스타일은 광대뼈를 더욱 두드러지게 한다.
- (Cut) 이마 부분과 턱 부분을 각각 폭넓게 보이도록 하는 것이 중요하다.
- (Wave) 이마에 볼륨을 주며 광대뼈 부분은 바짝 붙이면서 부드러운 컬을 이용하여 턱선의 아래쪽을 풍선한 볼륨을 주어 달걀형을 만든다.

| 피해야 할 스타일 |

- 초라하고 단조로운 스타일은 피한다.

### 6) 삼각형 얼굴

| 특징 |

- 이마 부분이 좁고 턱이 넓게 보이는 형
- 좁은 이마와 넓은 턱선은 턱 주위의 너비를 좁게 하고 관자놀이 윗부분의 볼륨을 추가시켜 균형을 이루게 해준다.
- (Wave) 옆선을 강조한 웨이브나 좁은 이미를 감출 수 있는 큰 뱅을 이용하고 양 볼의 선을 좁게 보이기 위해서 부드러운 웨이브를 주어 귀를 덮어준다.

## 7) 역삼각형 얼굴

| 특징 |

- 이마 폭이 넓고 턱선이 좁아 보이며, 샤프한 이지를 풍긴다.
- 머리가 크고 턱이 좁다.
- 볼에 살이 적어 지적이고 스마트해 보이나 쌀쌀하고 나약해 보인다.
- (Cut) 양끝을 살짝 말아 얼굴을 감싸는 레이어드 롱 헤어 스타일이 잘 어울린다.
- (Wave) 프린지를 볼륨을 살려 큰 웨이브로 이마를 좁게 보이게 하고, 턱 부분은 굵은 웨이브로 연출하여 볼륨을 살려 주게되면 뾰족한 턱선을 완화시킬 수 있다.

| 피해야 할 스타일 |

- 뾰족한 턱선을 강조하는 업스타일은 피한다.

## 2. 체형에 따른 헤어디자인 분석

체형이란 골격, 근육, 피하지방층의 두께와 침착 부위, 피부에 의해 이루어지는 인체의 모양으로 체격을 외견상의 특징에 의해 분류된다.

### 1) 균형 잡힌 체형

가장 이상적이고 아름다운 체형으로 헤어스타일을 연출 시 어떠한 형태에 구애받지 않으며, 롱 헤어스타일이나 쇼트 커트 모두가 잘 어울린다.

### 2) 마른 체형

마른 체형은 롱 헤어스타일에 굵은 S컬이나 C컬의 웨이브를 주거나 긴 목에 무게감이 있는 볼륨을 주는 헤어스타일을 연출하는 것이 좋다.

[ 키가 작고 마른 체형 ]

- 대체로 어떤 헤어스타일이라도 잘 어울리나 옆머리에 볼륨이 없는 스타일은 주의해야 한다.
- 쇼트 커트나 어깨 길이의 C컬 웨이브 스타일이 잘 어울린다.
- 그래쥬에이션 커트는 볼륨을 살릴 수 있어 얼굴이 부드러워 보일 수 있다.
- 스트레이트는 왜소해 보일 수 있으니 피하고 심플하게 연출된 중간 길이의 헤어스타일이 잘 어울린다.

[ 키가 크고 마른 체형 ]

- 보브 커트나 어깨 길이의 C컬 웨이브 스타일이 잘 어울린다.
- 짧은 쇼트 커트나 베이비 펌은 자칫 왜소해 보일 수 있으니 피한다.
- 긴 머리에 볼륨 있는 S컬 웨이브 스타일이나 심플하게 연출된 짧은 헤어스타일도 잘 어울린다.

| 얼굴형 | | 달걀형 | 둥근형 | 사각형 | 삼각형 | 마름모형 |
|---|---|---|---|---|---|---|
| 마른 체형 | 작은 키 | 쇼트 커트 | 중간 길이의 웨이브 | 미디엄 커트 | 미디엄 커트 | 미디엄 커트 |
| | 큰 키 | 긴 웨이브 (볼륨 있는 스타일) | 미디엄 커트 (스트레이트 스타일) | 미디엄 커트 (굵은 웨이브) | 미디엄 커트 (부드럽고 우아 스타일) | 미디엄 커트 (옆 가르마) |

### 3) 뚱뚱한 체형

- 뚱뚱한 체형은 톱 부위에 볼륨을 주고 머리 길이를 길게 늘어뜨리면 시각적인 착시 현상으로 목이 길어 보인다.
- 짧은 쇼트 헤어나 보브 스타일은 목의 길이가 길어 보이게 하는 반면 전대각 섹션의 커트는 목을 더 짧게 보이게 한다.
- 후대각 섹션의 둥근 라인은 짧은 목을 길어 보이게 한다.
- 목선 부위에 볼륨이 많은 웨이브 스타일이나 무게감을 주면 짧거나 굵은 목을 강조하므로

피하는 것이 좋다

- 롱 헤어스타일은 피한다.

[키가 작고 뚱뚱한 체형]

- 볼륨이 많은 커트는 자칫 얼굴이 더 커 보이게 할 수 있다. 두상에 볼륨이 너무 커지지 않게 주의하며 자연스러운 스타일이 좋다.
- 쇼트 커트가 가장 잘 어울리며 어깨 길이의 층이 있는 그래쥬에이션 커트 후 C컬 웨이브와 비대칭 커트도 잘 어울린다.
- 중간 길이의 C컬 펌은 잘 어울리나 스트레이스 펌은 자칫 뚱뚱해 보일 수 있으니 피한다.

[키가 크고 뚱뚱한 체형]

- 심플한 스타일이 좋으며 볼륨이 있는 롱 헤어스타일은 큰 체형이 더 커 보이기 때문에 피한다.

| 얼굴형 | | 달걀형 | 둥근형 | 사각형 | 삼각형 | 마름모형 |
|---|---|---|---|---|---|---|
| 뚱뚱한 체형 | 작은 키 | 중간 길이의 그래쥬에이션 커트 (톱 부분의 볼륨) | 쇼트 커트나 비대칭형 스타일 | 미디엄 커트 | 미디엄 커트 (어깨선을 지나지 않도록) | 미디엄 커트 |
| | 큰 키 | 중간 길이의 적당한 볼륨이나 스트레이트 | 쇼트 커트 (경쾌한 스타일) | 미디엄 커트 (대담, 화려) | 미디엄 커트 (단정) | 쇼트 커트 |

## 3. 목과 어깨의 넓이에 따른 헤어디자인 분석

헤어디자인 결정 시 더 중요하게 고려해야 할 것은 목과 어깨이다. 목의 길이는 고객마다 다를 수 있으므로 디자인 결정할 때 고려되어야 한다.

### 1) 짧은 목

- 짧은 목은 전체적으로 너무 많은 볼륨을 주는 스타일은 피하고 디자인의 높이를 강조해 줌으로써 길게 보일 수 있다.
- 긴 머리를 유지하고 싶을 경우 머리를 묶어 올리는 세미업 스타일 등이 무난하다.

[큰 얼굴]
롱 헤어스타일은 피하고 중간 정도의 웨이브 헤어스타일이 잘 어울린다. 앞부분의 머리는 턱선까지 자르고 레이어커트 후 C컬 펌 연출한다.

[작은 얼굴]
목은 짧지만 얼굴이 작을 경우 쇼트 커트가 잘 어울린다. 짧은 커트는 다소 밋밋해 보일 수 있는 이목구비를 뚜렷하게 보이는 효과가 있다.

## 2) 긴 목

- 긴 목은 길고 가는 목 둘레의 공간을 채우기 위해 볼륨을 줄어 단점을 보완한다.
- 짧은 쇼트 커트는 긴 목을 그대로 드러나기 때문에 피한다.
- 롱 레이어 커트는 전체적으로 수직 라인이 강조되고, 목의 길이가 더욱 눈에 띄기 때문에 커트 후 굵은 웨이브를 주어 볼륨을 형성한다.

[마른 체형]

목이 긴 분들은 짧은 헤어스타일은 자칫 잘못하게 되면 너무 왜소해 보이기 때문에 긴 머리에 굵은 웨이브 스타일이 잘 어울린다. 굵은 웨이브 머리를 어깨 앞쪽으로 드러내주면 긴 목을 가리는 데 효과적이다.

### 3) 넓은 어깨

- 길게 늘어진 커트로 넓은 어깨를 가려 주어 단점을 보완할 수 있다.
- 어깨 주변에 층을 주면 넓은 어깨와 볼륨이 겹치고 어깨 폭이 넓다는 것을 강조하게 된다.

### 4) 좁은 어깨

어깨가 좁으면 얼굴이 커 보이는 단점이 있다. 어깨에 무게감과 볼륨을 살릴 수 있는 그래쥬에이션 커트나 굵은 웨이브 스타일이 잘 어울린다.

CHAPTER
# 05 디자인 원리

디자인 요소를 배열하는 패턴으로 무수한 디자인을 창조할 수 있다.

## 1. 반복(Repetition)

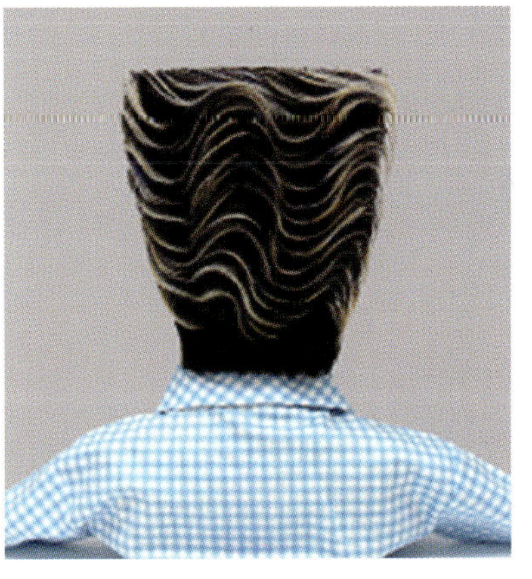

일정한 간격을 두고 되풀이되는 것을 반복이라 하며, 위치를 제외한 모든 요소가  반복으로 구성되며, 동일한 형이 반복되면 정돈되어 보이고 통일감이 생긴다.

## 2. 교대(Aternation)

두 가지 또는 그 이상의 요소들이 연속적 패턴에 의해 반복을 말하며 서로 상반된 요소에 의해 표현하고자 하는 특징을 부각하는 것을 의미한다.

## 3. 진행(Progression)

모든 요소들이 비슷하지만 연속적인 일정한 비율로 변할 경우 증가 또는 감소된다. 진행은 점증 또는 강조의 원리로 나뉜다.

## 4. 대조(Contrast)

서로 상반되는 요소가 인접해 있는 것을 대조라 하고, 상반되는 요소들이 바람직한 관계를 형성하여 다양한 디자인을 만들며, 서로 반대되는 요소들로 인하여 흥미를 느끼게 한다.

## 5. 비조화(Discord)

서로 상반되는 요소간의 격차가 최대일 때(전위적인 형)

## 6. 균형(Balance)

미적으로 만족스러운 디자인 요소들의 통합(대칭과 비대칭)

디자인에서 시각적으로 느껴지는 무게감을 나타내며, 역동성을 만들어내는데 필수적인 역할을 한다.

- 대칭(Symmetry)

  크기, 형태 등 균형이 중심축을 기준으로 양쪽이 같다.

- 비대칭(Asymmetry)

  크기, 형태 등 균형이 중심축을 기준으로 양쪽이 상반되어 있다.

CHAPTER 06

# 기초 커트를 위한 기술

헤어커트를 정확하고 일관성 있게 커트하기 위해서는 블로킹, 섹션, 슬라이스, 시술 각도, 베이스 등에 대한 이해가 필요하다.

## 1. 블로킹(Blocking)

모발의 조절을 용이하게 하기 위해 두상의 등분을 나누는 것으로 4등분은 정중선과 측중선을 나누며, 앞머리 영역을 구분하면 5등분이 된다. 커트의 디자인을 어떻게 하느냐에 따라 다양하게 블로킹 사용할 수 있다.

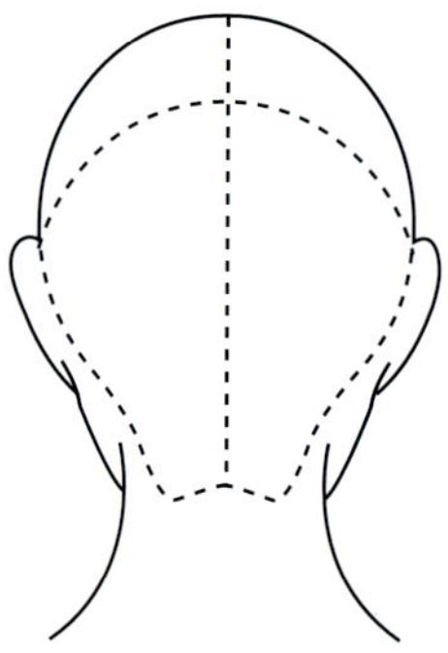

| 4등분 블로킹 |

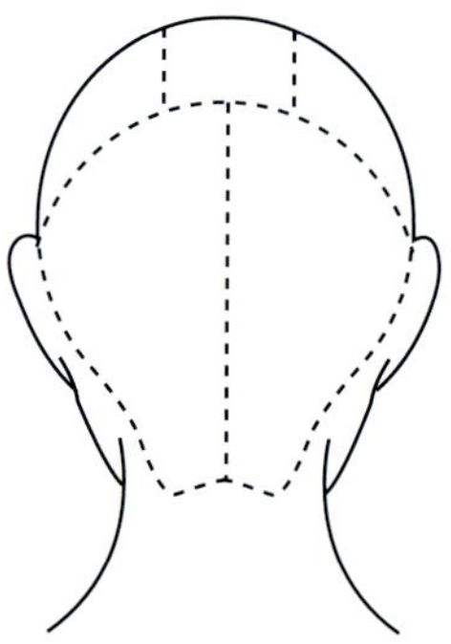

| 5등분 블로킹 |

## 2. 머리 위치(Head Position)

머리 위치는 모발의 분배에 직접적으로 영향을 주며, 이는 모발 질감과 커트라인의 방향에 영향을 준다. 일반적으로 두상의 한 부분을 커트하는 동안 일정하게 유지한다.

### 1) 앞 숙임(Forward)

① 모발이 약간씩 안으로 말려 들어간다.

② 주로 형태 선의 끝마무리로 많이 사용된다. (원랭스의 경우 속말음 효과가 있다.)

③ 그래쥬에이션, 레이어 커트 시 많이 사용된다.

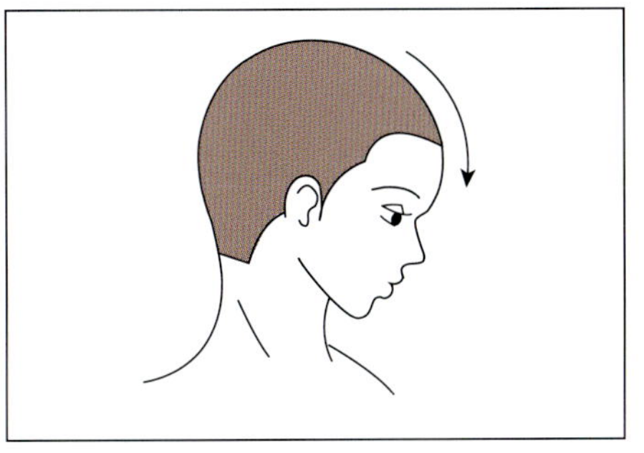

### 2) 똑바로(Up-Right)

① 가장 자연스럽고 고른 효과

② 똑바로 한 상태에서 커트할 경우 가장 자연스럽다.

③ 원랭스 커트에 많이 사용된다.

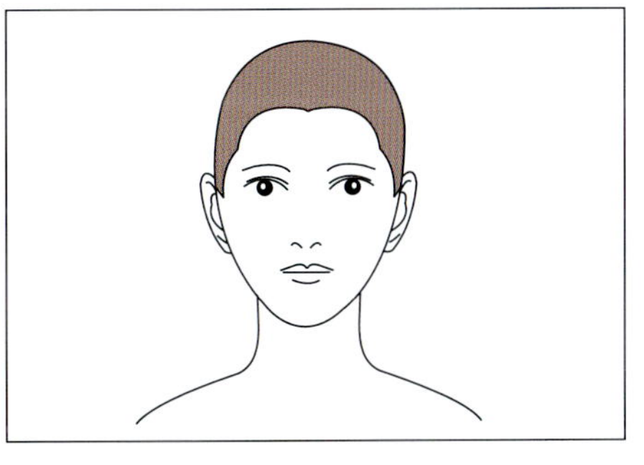

### 3) 옆 기울임(Tilted)

① 형태 선의 쉬운 마무리를 위해 사용된다.

② 사이드가 짧은 디자인 라인을 만들려고 할 경우 사용된다.

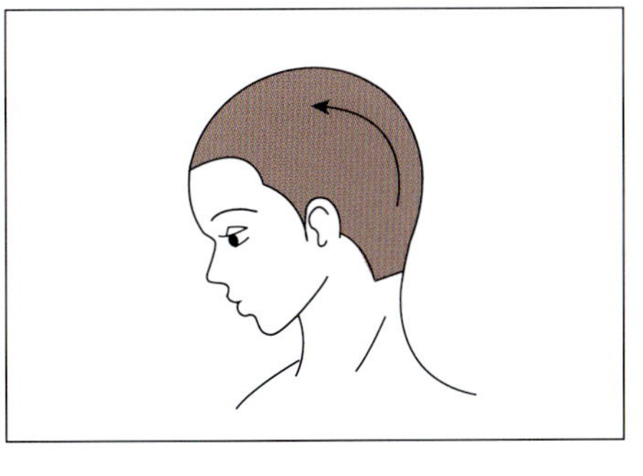

## 3. 섹션(Section)

커트 시술 시 두상에서 블로킹을 나눈 후 커트 디자인의 설계와 특징에 따라 슬라이스 라인을 다시 작은 구역을 나누는 것을 말하며 형태 선과 평행하게 나눈다. 수평(가로), 수직(세로), 전대각, 후대각, 방사선 등이 있다.

① 가로 섹션(Horizontal Section): 가로 또는 수평으로 나누는 것으로 형태 선을 수평으로 만들 때 사용된다. 원랭스, 그래쥬에이션 커트 시 사용된다.

② 세로 섹션(Vertical Section): 세로 또는 수직으로 나누는 것으로 그래쥬에이션, 레이어 커트 시 사용된다.

③ 사선 섹션(Diagonal Forward Section, 전대각): 두상의 뒤쪽에서 얼굴 방향으로 나누는 것으로 스파니엘 커트 또는 A라인 스타일 커트 시 사용된다.

④ 사선 섹션(Diagonal Backward Section, 후대각): 두상의 뒤에서 얼굴 방향으로 나누는 것으로 이사도라 커트 또는 U라인 스타일 커트 시 사용된다.

⑤ 방사선 섹션(Pivot Section): 파이 섹션, 오렌지 섹션이라고도 불린다. 두상의 피벗에서 똑같은 크기의 섹션을 나누기 위해 사용된다. 레이어 커트 시 사용된다.

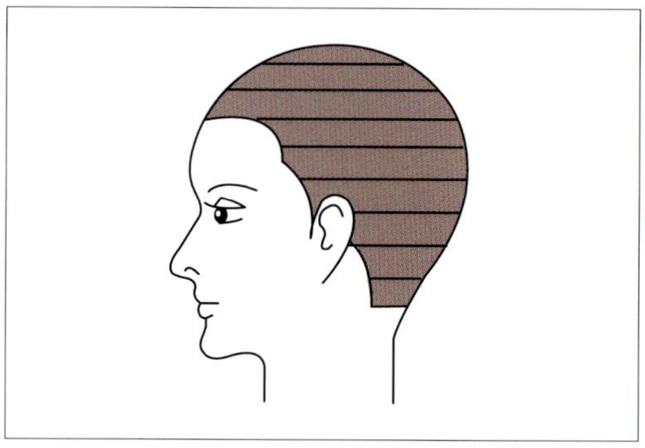

| 가로 섹션 |

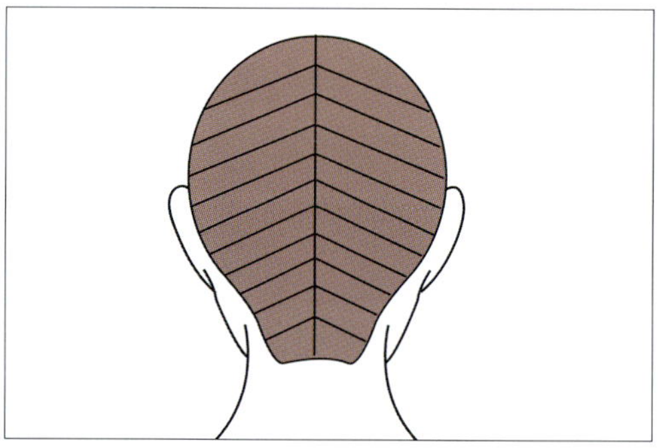

| 사선 섹션 - 전대각 |

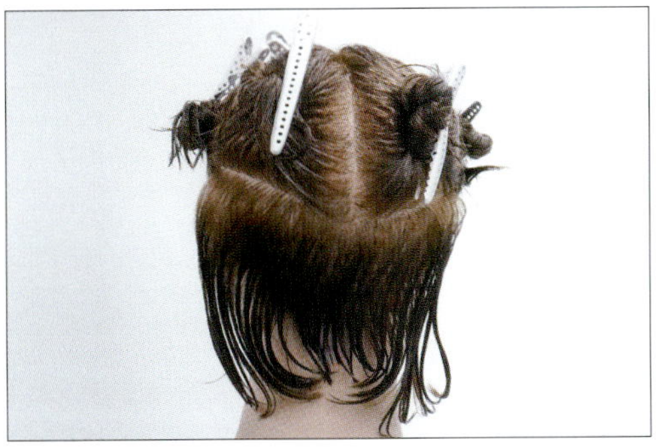
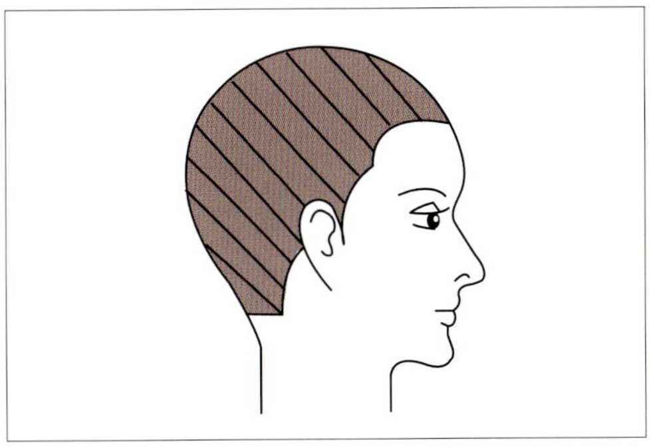

| 사선 섹션 - 후대각 |

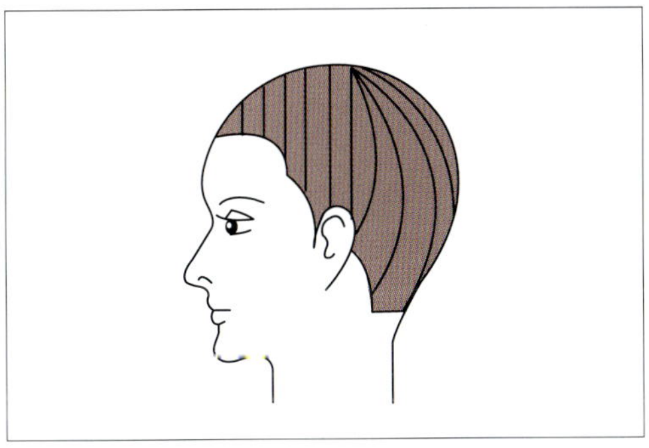

| 세로와 방사선 섹션 |

## 4. 슬라이스 라인(Silce Line)

슬라이스는 모발을 작게 나누는 것을 의미하며, 섹션 라인과 유사한 개념으로 사전에 계획된 커트 디자인의 형태 선(Out Line)에 맞추어 헤어커트를 시술하기 위하여, 두상에서 모발을 나누는 선의 형태를 말한다. 수평으로 나누는 평행 라인(Parallel Line), 전대각선으로 나누는 A라인(Concave), 후대각선으로 나누는 V 또는 U라인(Convex)이 있다. 전대각선과 후대각선의 경우, 기울기에 따라 완성되는 커트 스타일의 형태와 형태 선이 달라지며 이미지도 다르게 나타난다.

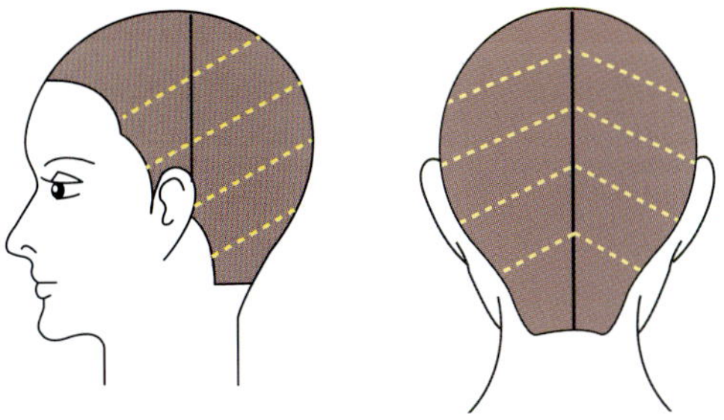

| A라인 |

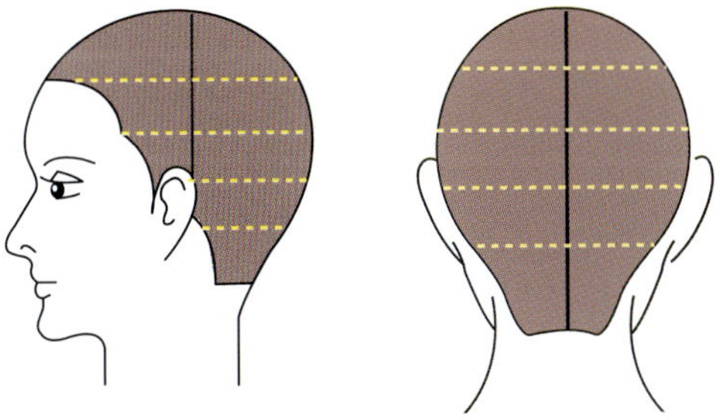

| 평행 라인 |

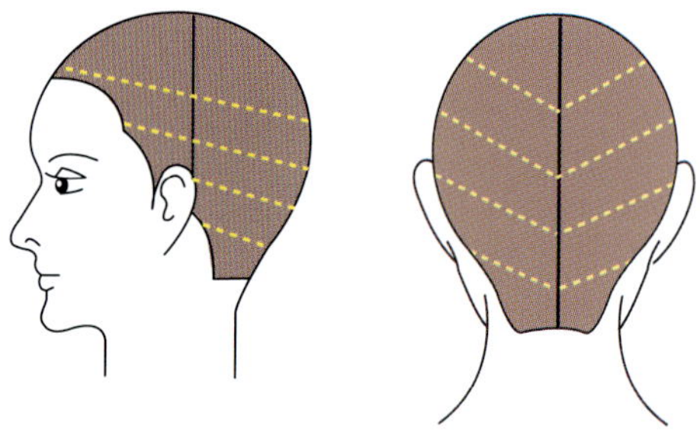

| V 또는 U라인 |

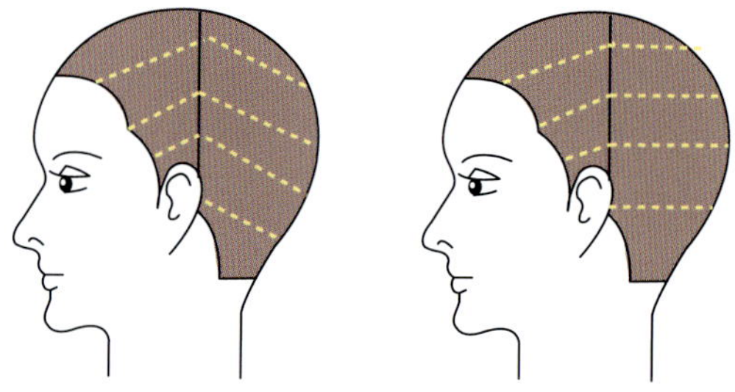

| 슬라이스 라인의 혼합 |

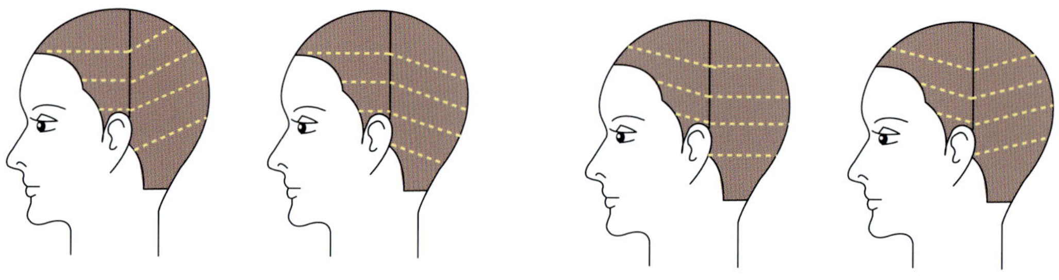

| 슬라이스 라인의 혼합 |

## 5. 베이스(Base)

헤어스타일의 형태 선을 만드는 중요한 시술 형태로 섹션과 패널의 자리로 길이의 변화를 가질 때 사용된다.

### 1) 세로로 커트하는 경우

① 온 더 베이스(On the Base)

- 커트 시 좌·우 동일한 길이로 커트할 때 사용된다.
- 베이스의 중심에서 슬라이스 라인에 직각(90°)으로 모아 커트한다.
- 베이스의 폭은 2~3cm가 적당하며, 동일한 베이스의 폭으로 슬라이스 하지 않을 시 길이의 단차가 생긴다.

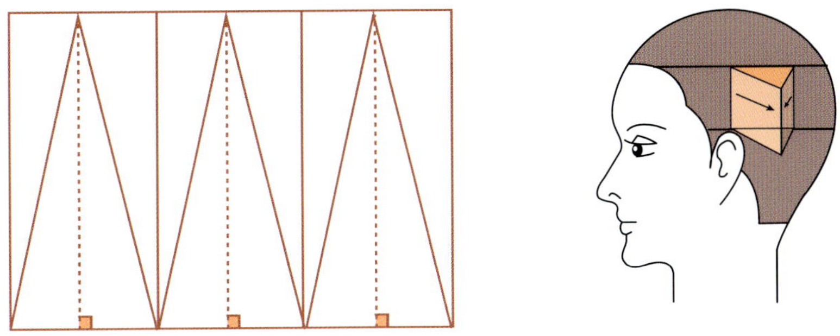

② 사이드 베이스(Side Base)

- 헤어커트를 하려고 패널을 잡았을 때 한쪽 변이 90°
- 커트 시 베이스의 중심이 우측 변 또는 좌측 변으로 선정하고 그 기준을 중심으로 모발의 길이가 점점 길게 또는 짧게 된다.

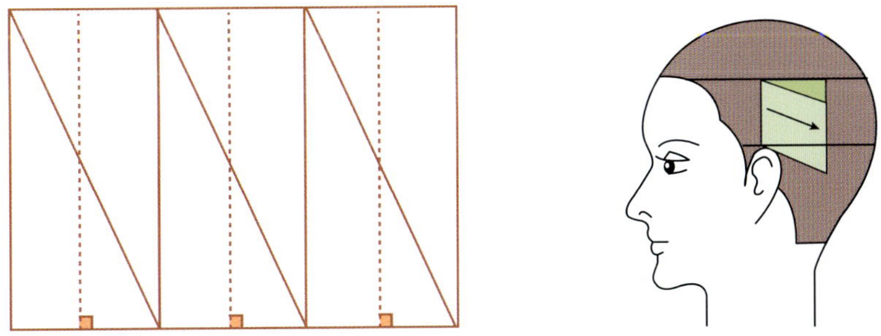

③ 오프 더 베이스(Off the Base)

- 헤어커트를 하려고 패널을 잡았을 때 한 변이 90° 이상으로 베이스를 벗어나 밖으로 나가는 것을 말한다.
- 시술자의 의도에 따라서 사이드 베이스의 기준선을 넘어서 일정한 각도를 끄는 것을 말한다.
- 우측 또는 좌측으로 얼마만큼 당기는지에 따라 사선의 경사도가 달라지므로 급격한 모발의 변화를 요구할 때 사용된다.

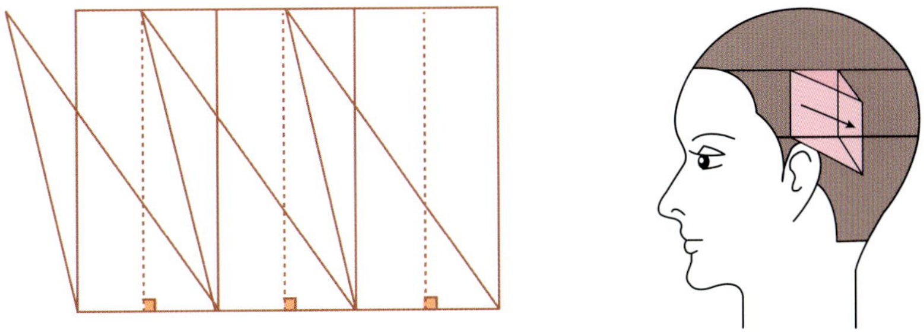

④ 프리 베이스(Free Base)

- 온 더 베이스와 사이드 베이스 중간의 베이스를 말한다.
- 모발 길이가 두상에서 자연스럽게 길어지거나 짧아지게 자를 때 사용된다.

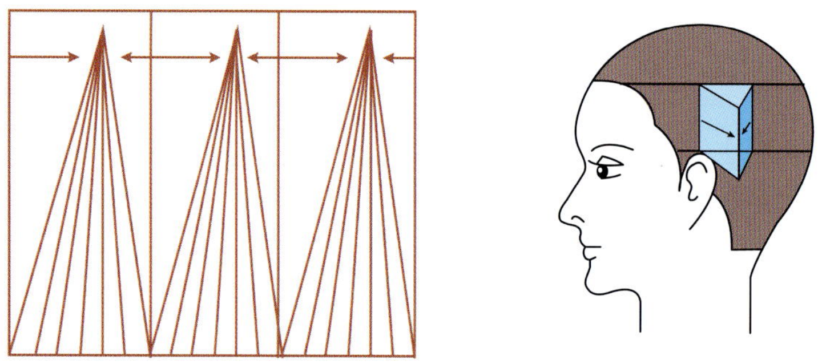

### 2) 가로로 커트하는 경우

가로는 수평 또는 평행이라고도 하며, 베이스의 구분은 온 더 베이스, 업 사이드 베이스, 다운 사이드 베이스, 업 오프 더 베이스, 다운 오프 더 베이스로 구분한다.

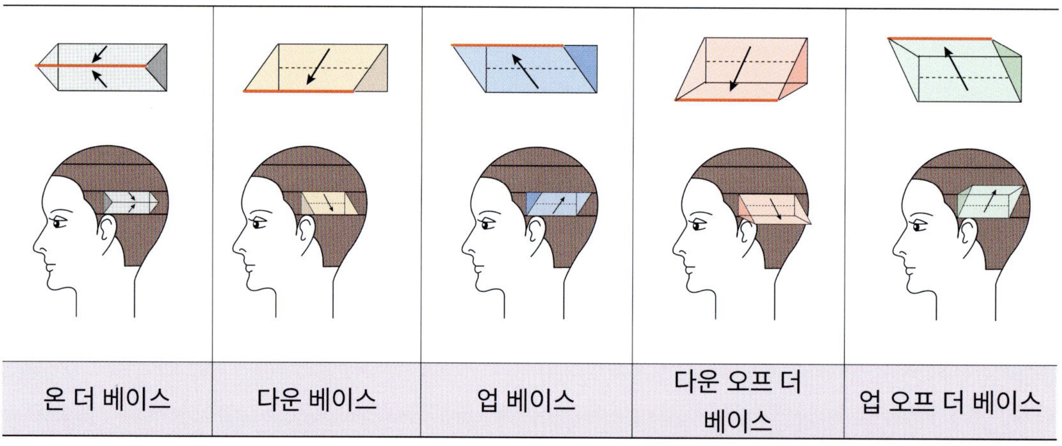

| 온 더 베이스 | 다운 베이스 | 업 베이스 | 다운 오프 더 베이스 | 업 오프 더 베이스 |
|---|---|---|---|---|

### 3) 사선으로 커트하는 경우

사선으로 커트하는 경우에는 앞쪽으로 갈수록 길어지게 하는 전대각 사선과 뒤쪽으로 갈수록 길어지게 하는 후대각 사선이 있다. 온 더 베이스, 업 사이드 베이스, 다운 사이드 베이스, 업 오프 더 베이스, 다운 오프 더 베이스로 구분한다.

① 전대각 사선

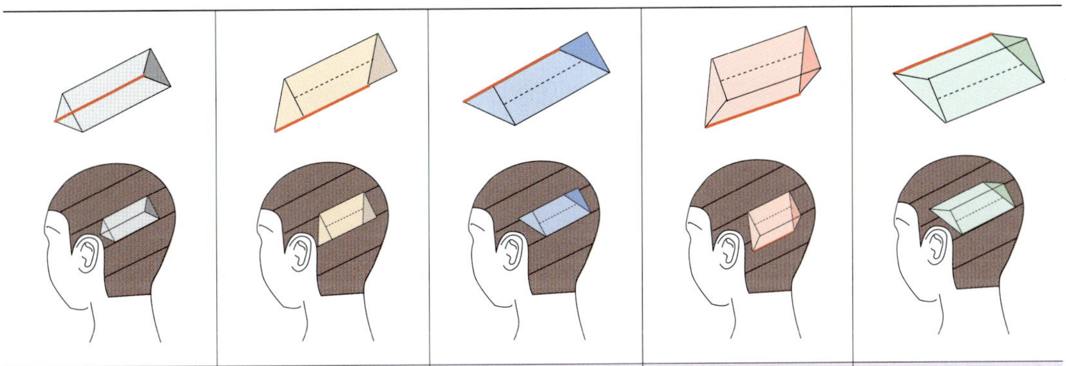

| 온 더 베이스 | 다운 베이스 | 업 베이스 | 다운 오프 더 베이스 | 업 오프 더 베이스 |
|---|---|---|---|---|

② 후대각 사선

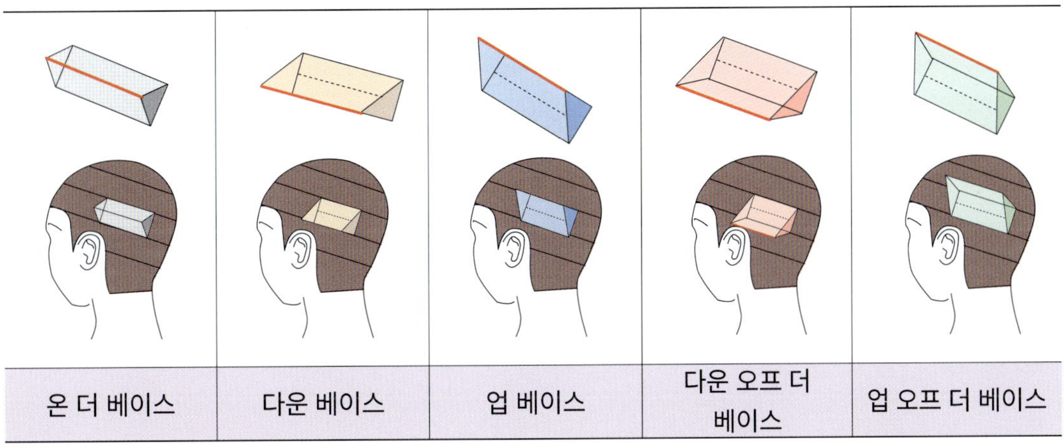

| 온 더 베이스 | 다운 베이스 | 업 베이스 | 다운 오프 더 베이스 | 업 오프 더 베이스 |
|---|---|---|---|---|

## 6. 분배(Distribution)

분배란 두상에 관련하여 모발을 빗는 방향이다. 분배에는 자연 분배, 직각 분배, 변이 분배, 방향 분배가 있다.

### 1) 자연 분배(Natural Distribution)

① 모발이 두상 곡면에서 중력 방향으로 자연스럽게 떨어지는 방향을 의미한다.

② 중력과 자연 모발 성장 패턴이 방향에 영향을 준다.

③ 수평, 좌대각, 우대각 섹션을 사용한다.

④ 원랭스와 그래쥬에이션 커트 시 사용된다.

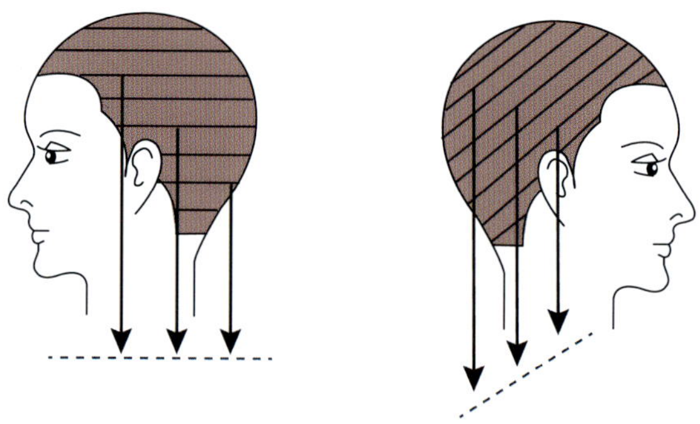

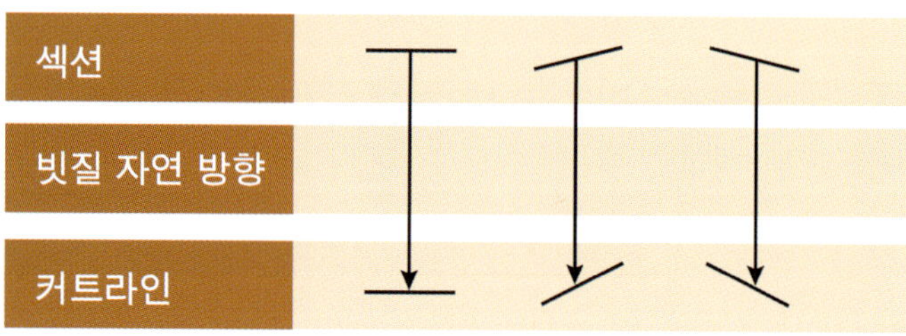


### 2) 직각 분배(Perpendicular Distribution)

① 섹션에 대해 모발이 직각(90°)으로 빗겨지며, 수직 분배라고도 한다.

② 수평, 대각, 수직 섹션에서 사용된다.

③ 모발이 자연 시술각 상태에서 벗어나게 된다.

④ 그래쥬에이션이나 레이어 커트 시 사용된다.

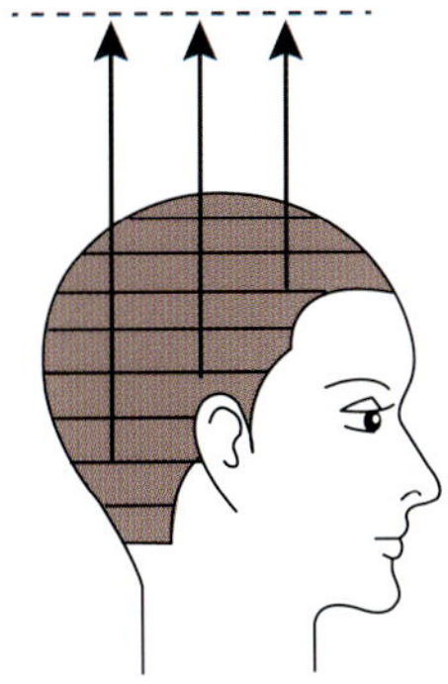

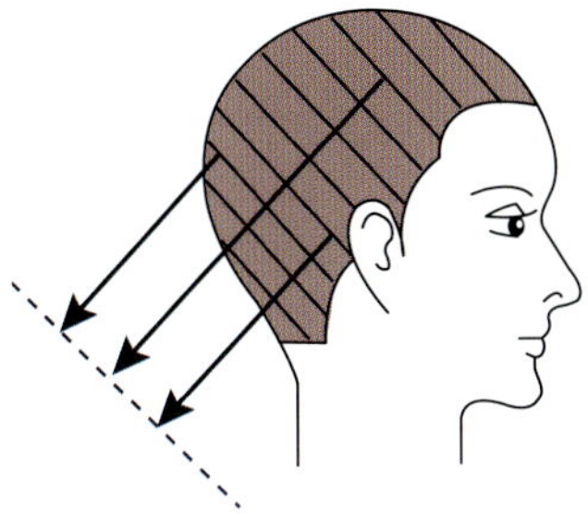

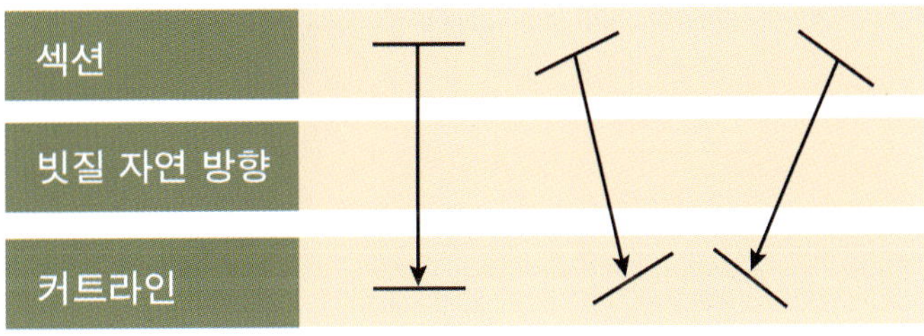


### 3) 변이 분배(Shifted Distribution)

① 섹션에 대해 모발이 임의의 방향으로 빗겨지며, 자연 분배나 직각 분배가 아닌 다른 모든 방향으로 빗질한다.

② 긴 모발과 짧은 모발을 연결할 때 사용된다.

③ 원랭스을 제외한 모든 커트에서 사용된다.

④ 급격한 길이를 보이거나 각 부분들 간의 길이를 연결할 때 사용된다.

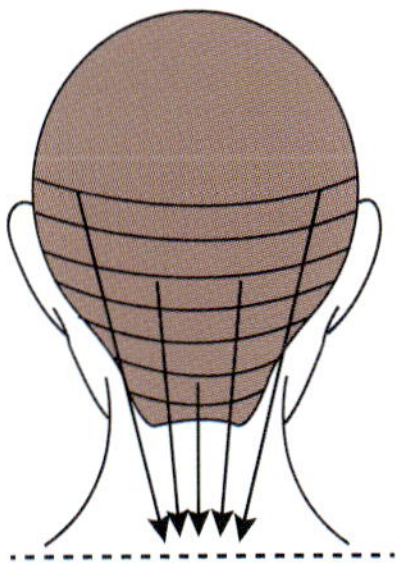

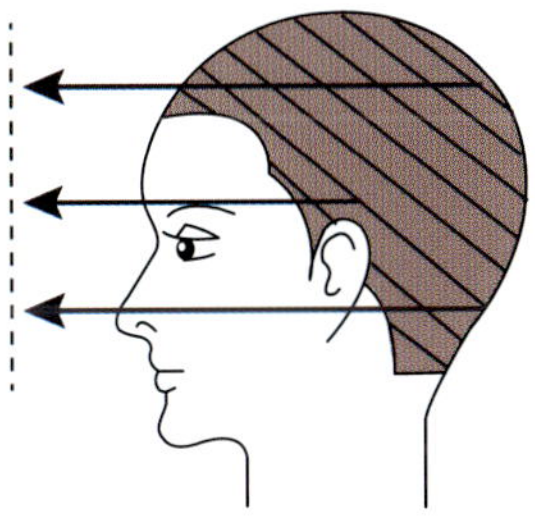

### 4) 방향 분배(Directional Distribution)

① 일관성을 유지하기 위해 특정한 방향을 정해 두고 모발을 빗질한다.

② 두상의 곡면으로 인해 길이가 길어지는 결과를 가져온다.

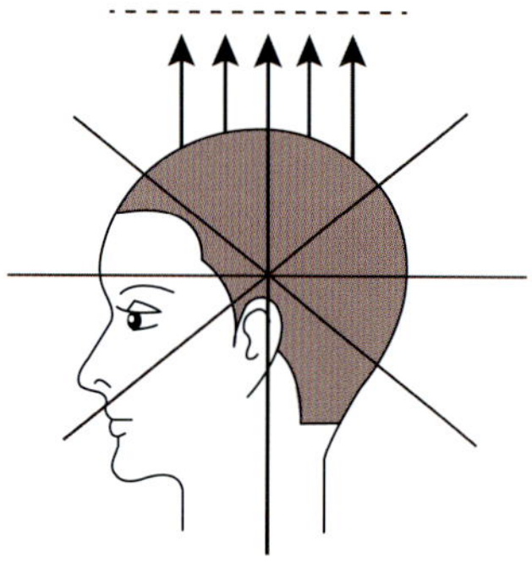

| 위로 똑바로 |

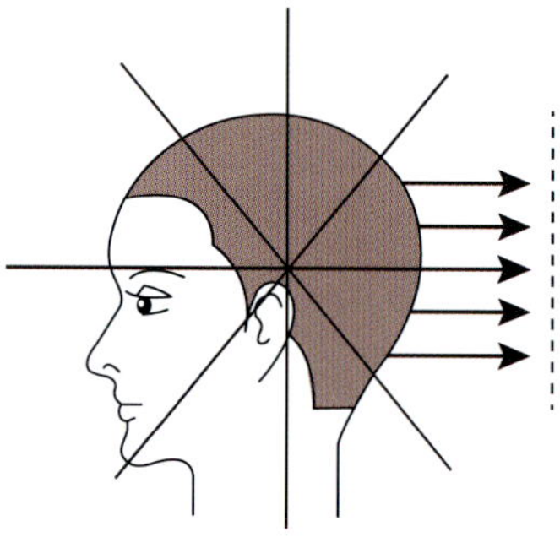

| 뒤로 똑바로 |

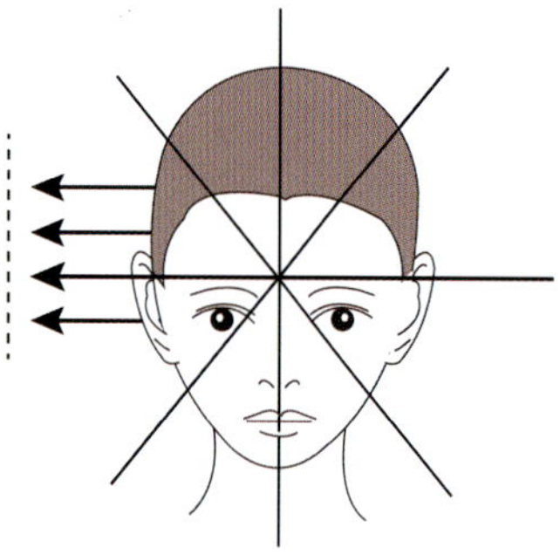

| 옆으로 똑바로 |

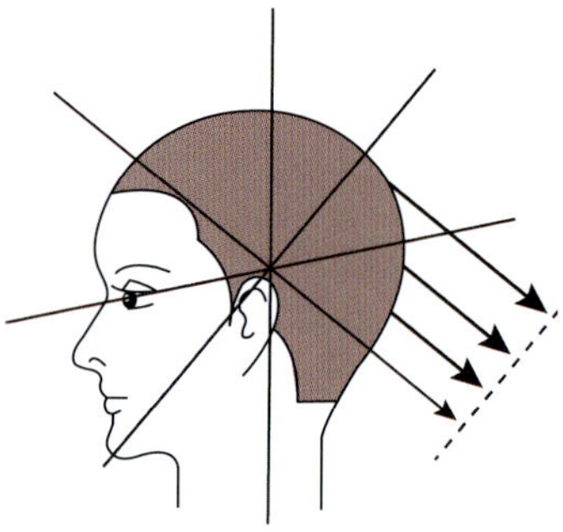

| 아래쪽으로 |

## 7. 시술 각도(Angle)

헤어커트 시 두상으로부터 모발을 들어 올려 펼치거나 내려진 상태로 커트하는 각도를 말하며 자연 시술각과 일반 시술각으로 나뉜다.

① 자연 시술각(Natural Fall)

- 중력에 의해 모발이 자연스럽게 떨어진 모양을 이용한 시술각이다.
- 천체축 기준 각도
- 주요 각도는 0°, 45°, 90°이다.

- 0°에서 90°에 이르는 모든 각도를 사용하며 10° 당 1cm로 각도를 구상한다.

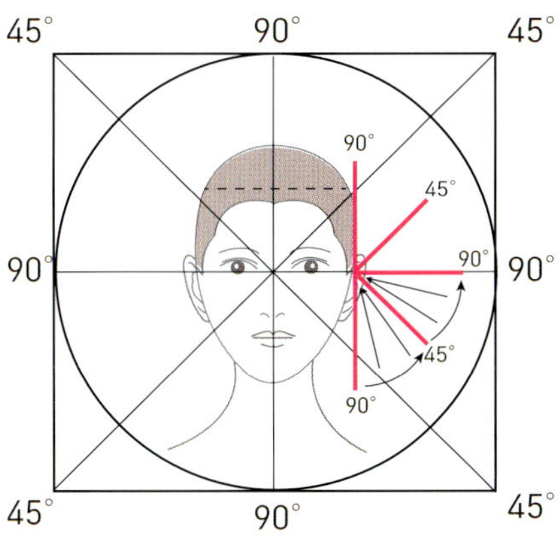


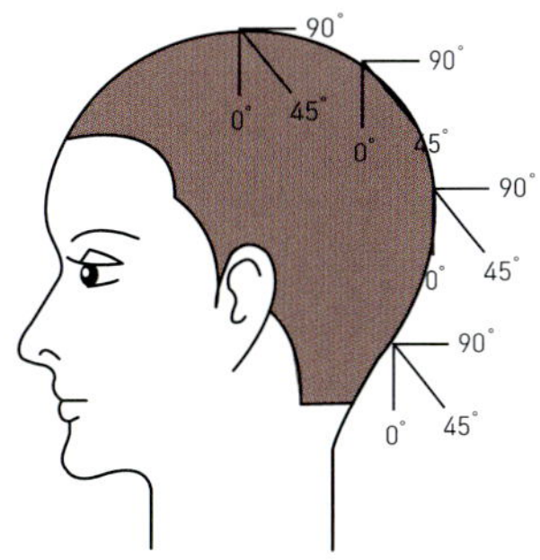

② 일반 시술각(Normal Projection)

- 두상의 곡면을 따라 둥글게 굴려져 모발이 들리는 각도를 말한다.
- 모발을 두상에서 들어 올려 펼쳐 빗었을 때 나타나는 각도로 베이스의 모발을 빗어 잡았을 때 두상의 둥근 접점을 기준으로 한 각도이다.

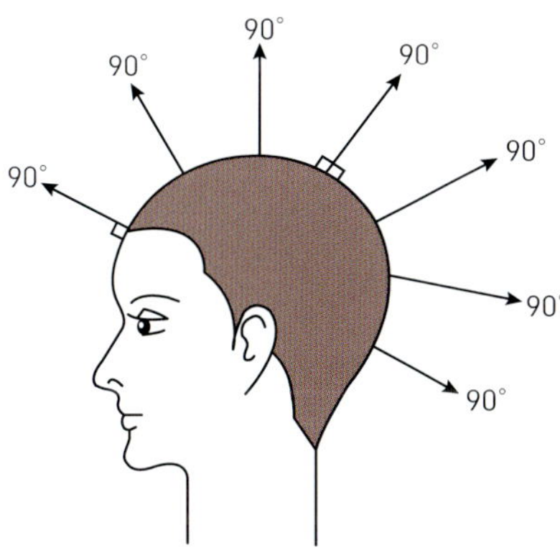


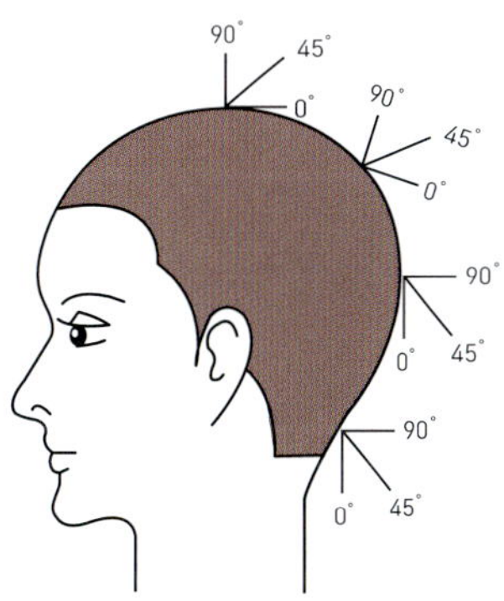

## 1) 원랭스형에 사용되는 시술각

① 자연 시술각

- 중력에 의해 모발이 자연스럽게 떨어지는 그대로의 방향을 말한다.
- 두상의 어떤 부위에서는 자연 시술각이 0°가 되기도 한다.
- 면에서 시작점에서 무조건 떨어지는 각도 0°이다.

② 시술각 0°

- 0°는 모발이 두상의 표면에서 평평하게 붙는 것을 말한다.
- 원랭스형 커트 시 시술각을 0°로 할 경우 약간의 베벨 언더 효과를 볼 수 있다.

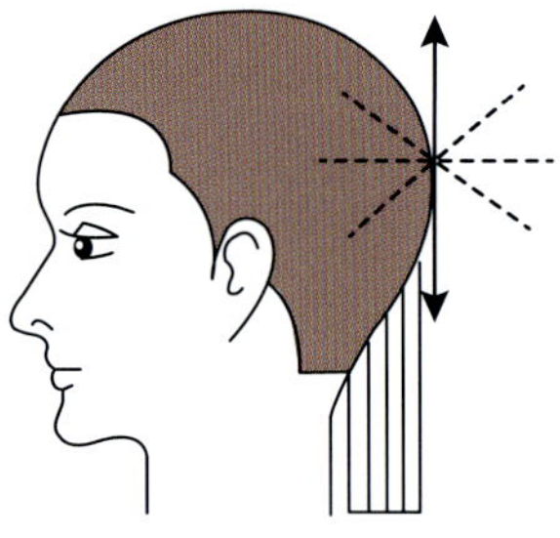

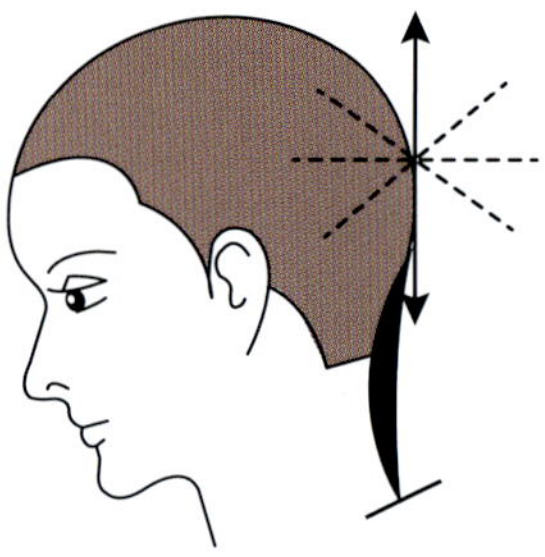

### 2) 그래쥬에이션형에 사용되는 시술각

① 시술각은 1°~ 89° 사용한다.

② 시술각이 높을수록 그래쥬에이션 질감이 많이 보이고 경사선이 더 급격해진다.

③ 45°는 중간 경사선을 만들기 위해 사용되는 표준 시술각이다.

| 로우 그래쥬에이션 | 미디엄 그래쥬에이션 | 하이 그래쥬에이션 |
|---|---|---|
| 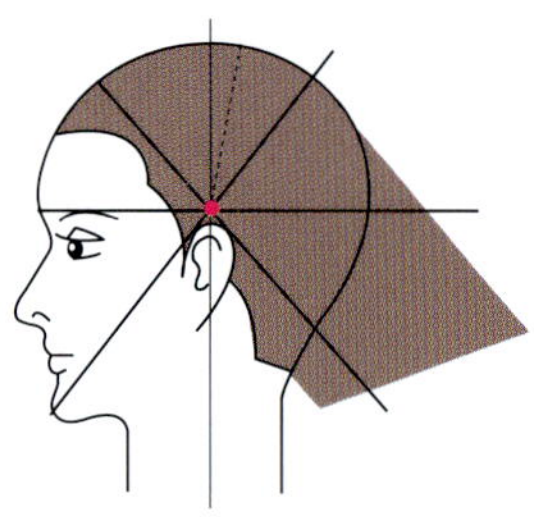 (1~30°) | 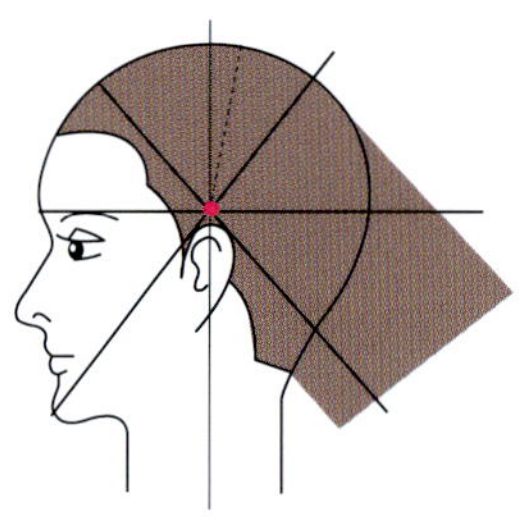 (31~60°) | 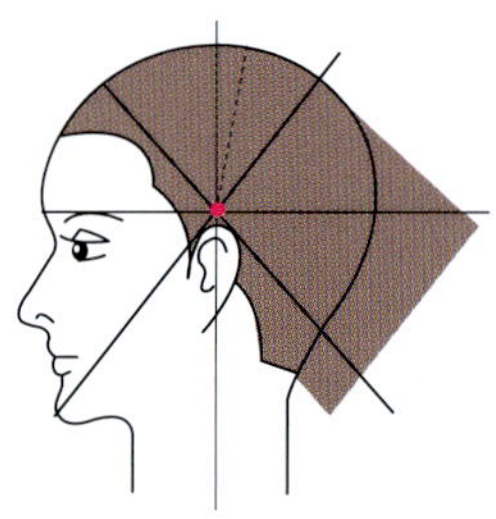 (61~89°) |
|  | 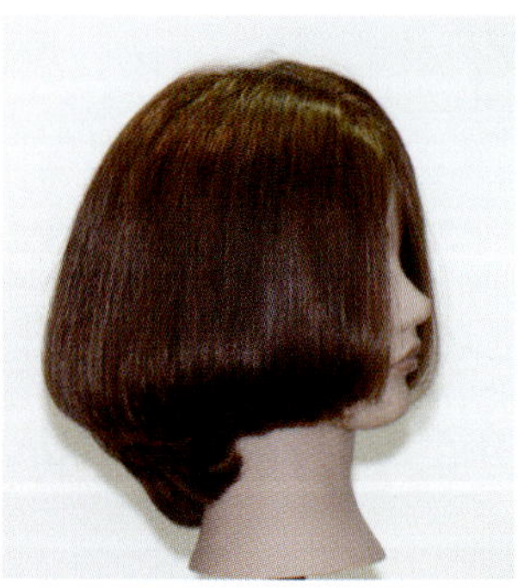 |  |

### 3) 유니폼 레이어형에 사용되는 시술각

① 일반 시술각을 사용하며 두상의 곡면을 따라 둥글게 굴려져 모발이 들리는 각도를 말한다.

② 두상의 곡면에 따라 둥근 형태를 유지하게 된다.

③ 모발을 두상에서 90° 들어 올려 펼쳐 빗었을 때 나타나는 각도로 베이스의 모발을 빗어 잡았을 때 두상의 둥근 접점을 기준으로 한 각도이다.

④ 수직, 수평, 후대각, 전대각으로 다양하게 응용될 수가 있다.

⑤ 동일한 길이로 커트해야 하기 때문에 이동 디자인 라인을 사용한다.

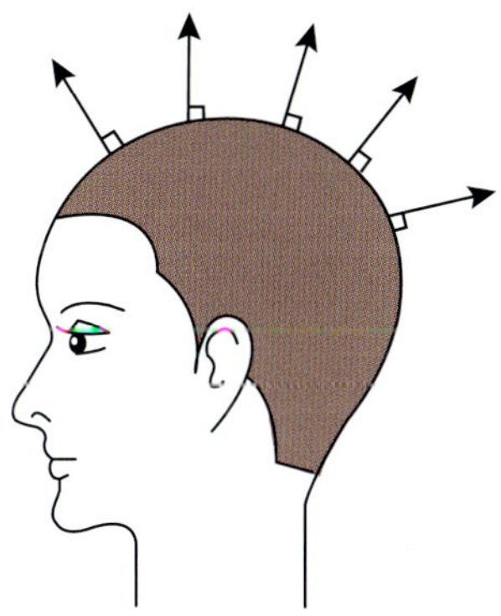

### 4) 인크리스 레이어형에 사용되는 시술각

① 일반적으로 0°, 45°, 90°를 사용한다.

② 시술각은 한 부분에서의 모든 길이가 집중되는 고정 디자인 라인이 적용된다.

③ 길이의 증가 비율, 유지된 길이의 양은 고정 디자인 라인을 만들기 위해 사용되는 각도에 의해 결정된다.

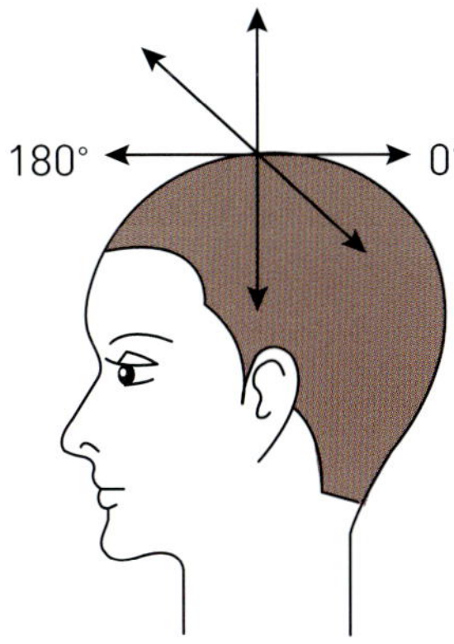

## 8. 손가락 위치(Finger Position)

### 1) 평행 손가락 자세(Parallel Finger Position)

① 모발을 조절하는 손가락은 베이스 섹션에 평행하게 놓여지고 의도한 선을 가장 완벽하게 만들 수 있다.

② 손가락, 가위 모두가 평행인 상태를 말한다.

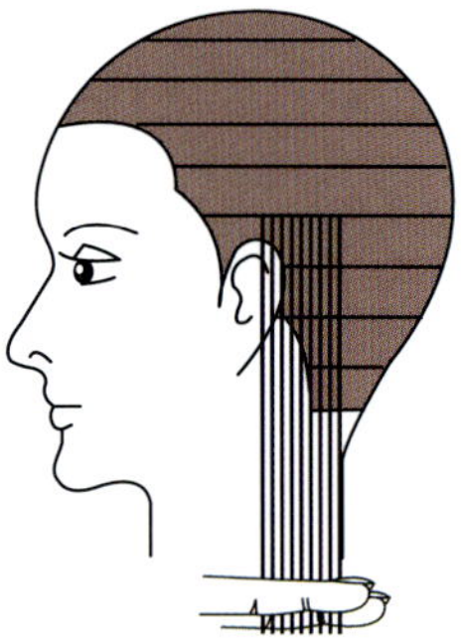

### 2) 비평행 손가락 자세(Non Parallel Finger Position)

① 손가락이 비평행하게 놓인 상태를 말하며, 과장된 길이 증가 대조되는 길이 간의 연결 시 사용된다.

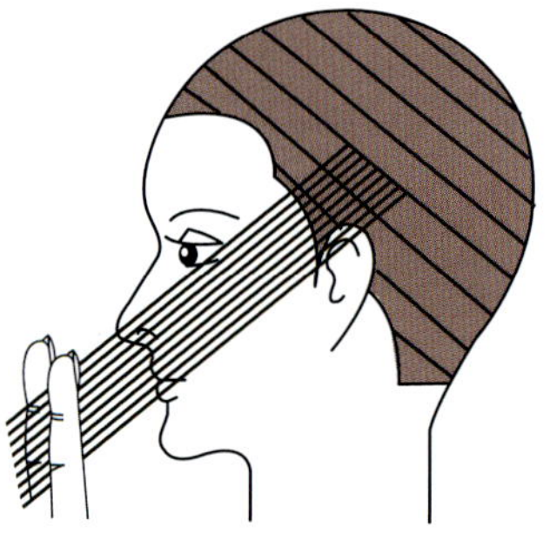

## 9. 가이드 라인(Guide Line)

커트할 때 사용되는 머리의 모양 패턴이나 길이 가이드. 디자인 라인이 형태 선이 될 수도 있으며 고정, 이동, 다중(혼합) 디자인 라인이 있다.

### 1) 고정 디자인 라인(Stationary Design Line)

① 디자인 라인이 이동하지 않는다.

② 처음 가이드 라인에 맞춰 커트한다.

③ 반대편의 모발의 길이가 점차적으로 증가를 원할 때 사용된다.

④ 원랭스, 인크리스 레이어 커트 시 사용된다.

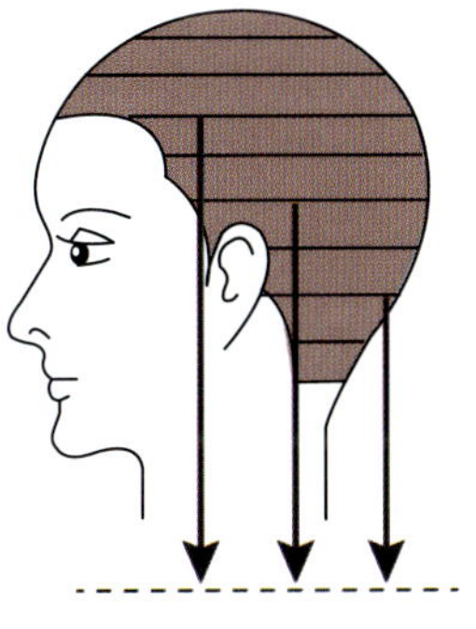

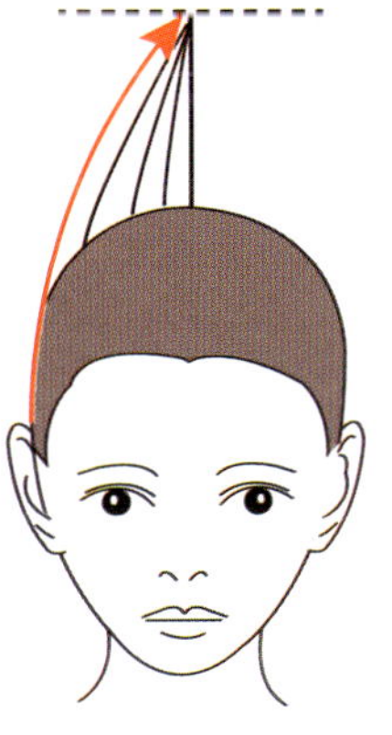

### 2) 이동 디자인 라인(Mobile Design Line)

① 커트하는 길이 가이드가 움직이는 것으로 이전에 커트 된 모발의 일부분을 다음 커트할 섹션의 길이 가이드로 사용한다.

② 유니폼 레이어와 그래쥬에이션 커트 시 사용된다.

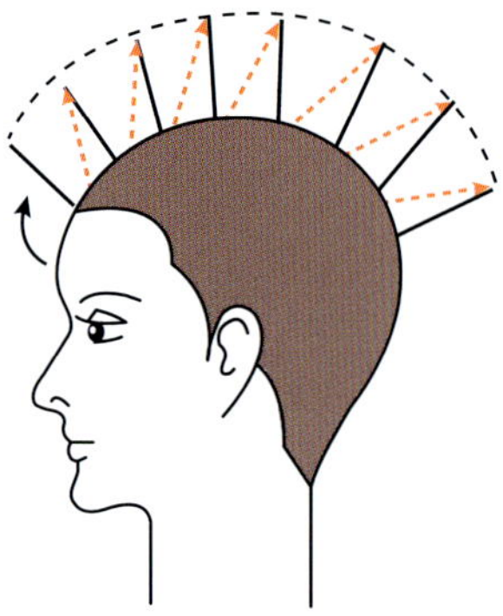

### 3) 다중 디자인 라인(Multi Design Line)

① 전체적으로 층진 모발 질감을 원하지만 네이프 부분의 모발 길이가 충분치 않을 때 새로운 디자인 라인을 만들어 사용한다.

② 인크리스 레이어 커트 시 사용된다.

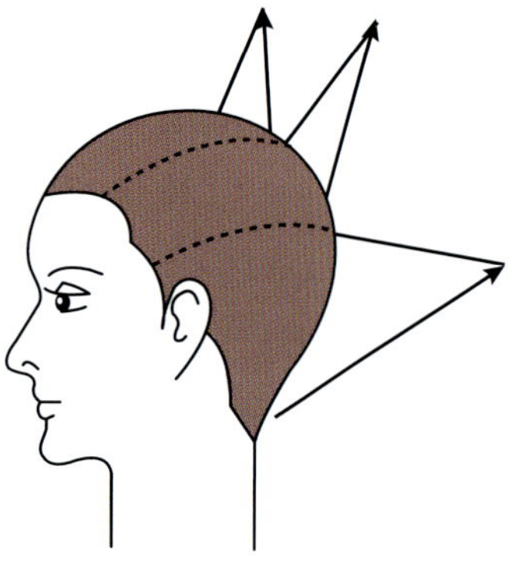

CHAPTER
# 07 테크닉

## 1. 블런트 커트(Blunt Cut)

- 모발을 뭉툭하고 직선으로 커트하는 기법으로 길이는 제거되지만 부피는 그대로 유지, 무게감이 모발 끝에 그대로 남아 있다.
- 원랭스, 그래쥬에이션, 레이어, 스퀘어 커트에서 사용된다.
- 모발이 가늘고 부드러운 모발에 많은 부피와 중량감을 유지하기 위해 사용된다.

## 2. 나칭 커트(Notching Cut)

- 커트 후 모발이 불규칙한 디자인 선을 만들어 무게감이 제거된 가벼운 형태 선을 만든다.
- 웨이브의 머리에 효과적으로 운동감을 더해 주면서 헤어커트와 커트 디자인에 질감을 동시에 주기 위해 사용된다.
- 머리끝에서부터 가위를 45°로 넣어가며 커트하면서 지그재그의 작은 폭이 생긴다.
- 블런트 커트보다 탁탁한 느낌을 다소 감소시킬 수 있다.

## 3. 포인팅 커트(Pointing Cut)

- 가위의 끝이나 레이저를 사용해 머리끝에 섬세하고 불규칙한 길이를 만들어 낸다.
- 모발 끝을 쳐내는 양은 손가락의 위치나 포인팅 횟수에 따라 달라진다.
- 나칭보다 더 섬세한 효과를 줄 수 있는 기법이다.
- 모발의 기장에 관계없이 모발 끝 부분에 불규칙한 효과를 줄 때 주로 사용된다.
- 모발 끝쪽에서 스트랜드를 잡은 손가락 쪽으로 가위를 세로로 나칭보다 더 깊게 넣어 커트하는 기법이다.
- 드라이가 끝난 다음 마무기 기법에서 주로 많이 사용된다.

## 4. 슬라이드(Slide)

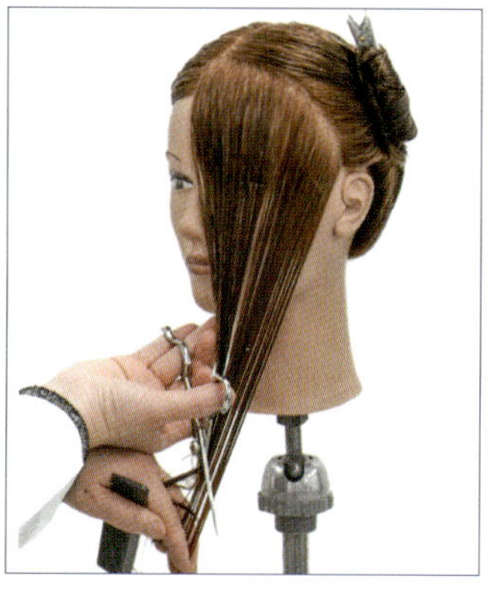

- 머리 다발을 잡고 머리끝을 향해 미끄러지듯이 커트하는 기법이다.
- 가위를 벌려 짧은 길이에서 긴 길이를 연결할 때 사용한다.

## 5. 슬라이싱(Slicing)

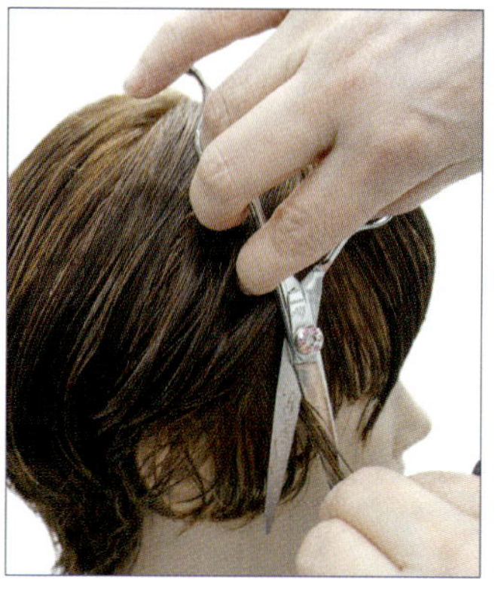

- 머리 표면에 따라 가위를 벌리고 미끄러져 가듯 커트
- 가위의 벌린 정도에 따라 머리 질감을 표현하고 정리할 때 사용된다.
- 머리 표면에 슬라이싱 하므로 확장감을 만든다.
- 웨이브 머리에는 운동감과 확장감을 준다.
- 모발 끝이 흩어지는 느낌을 연출하기 위한 테크닉으로 가위가 모발 끝쪽으로 커트하는 기법이다.
- 불규칙한 움직임이나 가벼운 이미지를 나타내고 싶을 경우 사용된다.

## 6. 레이저 아킹(Razor Arching)

- 모발 끝 부분을 부드럽게 테이퍼하여 정확한 선을 만들어 내며 레이저날은 모발 아래 두어 호를 그리며 시술한다. (안 마름 효과)
- 아크(호)의 크기는 원하는 머리형, 머리 길이에 따라 결정된다.
- 모발의 길이와 무게감을 줄이면서 모발을 커트하기 위해 모발 표면을 잘라내는 레이저 커팅 기법이다.

## 7. 레이저 에칭(Razor Etching)

- 레이저를 사용하여 무게감을 줄이면서 머리를 커트하기 위해 모발의 표면을 깎아내는 레이저 커팅 기법을 의미한다.
- 날의 위치는 모발의 위에 위치 (겉말음 효과)
- 날을 위·아래로 움직여 아래로 스트로크 할 때 힘을 준다.

## 8. 레이저 회전 기법(Razor Rotation)

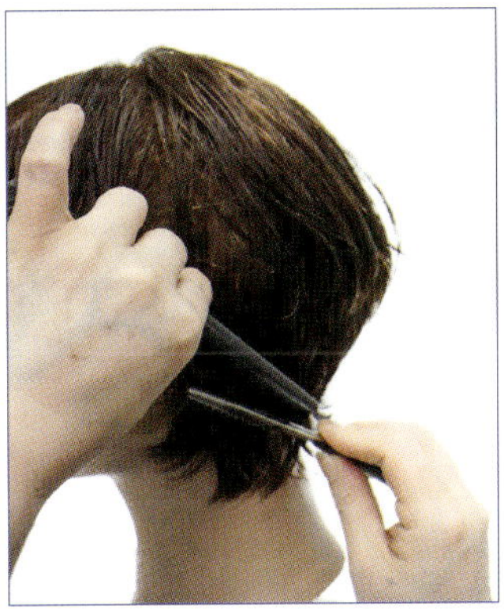

- 무게감을 줄이고 레이저와 빗을 이용하여 부분을 연결하거나, 두상의 윤곽에 따라 머리를 밀착시키는 형을 만들 때 사용된다. (레이저와 빗을 사용하여 머리를 따라 회전)

## 9. 겉마름 기법(Bevel-Up)

• 겉마름 기법은 레이저 에칭 기법을 한층 더 효과 있게 레이저날을 머리 표면에 놓고 시술, 머리끝이 위쪽으로 잘 올라오게 한다.
• 시술각이나 압력은 원하는 시술 결과에 따라 조절한다.

## 10. 안마름 기법(Bevel-Under)

• 안마름 기법은 안마름 효과를 주기 위해 레이저 날을 섹션 뒤에 놓고 곡선을 그리듯이 움직여주어 머리끝이 안쪽으로 잘 말려 들어가게 하는 기법이다.

## 11. 테이퍼링(Tapering)

• 테이퍼링은 끝을 가늘게 한다는 뜻으로 모발 끝으로 갈수록 점차적으로 붓처럼 가늘고 자연스럽게 모발의 양을 조절하기 위해 머릿결의 흐름을 불규칙적으로 커트하는 과정을 말한다.

① 엔드 테이퍼링(End Tapering)
스트랜드 1/3 이내의 모발 끝을 Taper하는 방식이다. 보통 모발 숱이 적거나 Style의 선을 부드럽게 보이기 원할 경우 행해진다.

② 노멀 테이퍼링(Normal Tapering)

스트랜드 1/2 이내의 모발 끝을 Taper하는 방식이다. 보통 모발 숱이 보통일 때 행해진다.

③ 딥 테이퍼링(Deep Tapering)

스트랜드 2/3 이내의 모발 끝을 Taper하는 방식이다. 모발 숱이 지나치게 많을 경우 모발의 양을 적게 보이기 위해 행해진다.

## 12. 스트록 커트(Stroke Cut)

가위를 사용하여 마른 모발에 테이퍼링 하는 기법으로 손가락으로 모발의 패널을 잡고 가위가 비스듬하게 모발 끝에서 두피 쪽으로 들어가면서 반복해서 밀어쳐서 모량을 줄이는 기법으로 모발 끝의 움직임과 가벼움, 부드러운 라인을 만드는 목적으로 사용된다,

## 13. 틴닝(Thinning)

모발의 길이는 줄이지 않고 전체적인 모량에 대해 부피를 줄이고 생동감을 만들거나 짧은 모발에 질감을 주기 위해 사용된다. 시술하기 전에 어느 부분에 시술할 건지 미리 정하고 사용해야 한다.

① 1/8 inch(20발 이하)

최소한의 모발을 제거하거나 테이퍼를 약간만 해주고자 할 때 사용된다.

② 1/16 inch (27~33발)

중간 정도의 모발을 제거할 때 사용하며 이 기법은 무게를 줄여 주고 생동감을 준다.

③ 1/32 inch(40발 이상)

모발을 최대로 많이 제거하고자 할 때 사용된다.

## 14. 싱글링(Shingling)

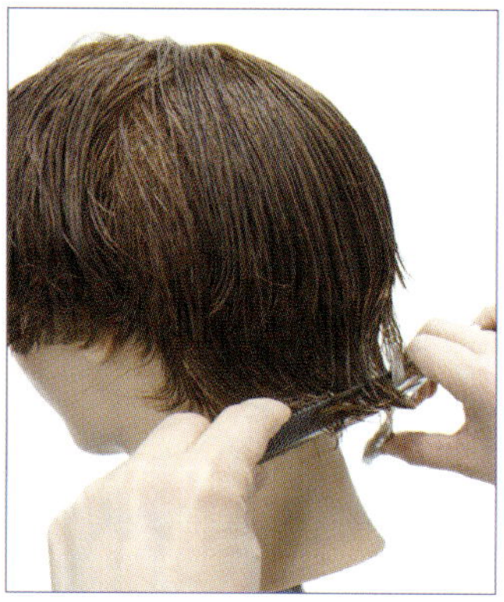

모발이 짧아서 손으로 잡기 힘들 때 주로 사용하는 기법으로 네이프에서 시작하여 빗을 모발에 대고 위로 이동하면서 가위를 개폐한다.

## 15. 콤 컨트롤(Comb Control)

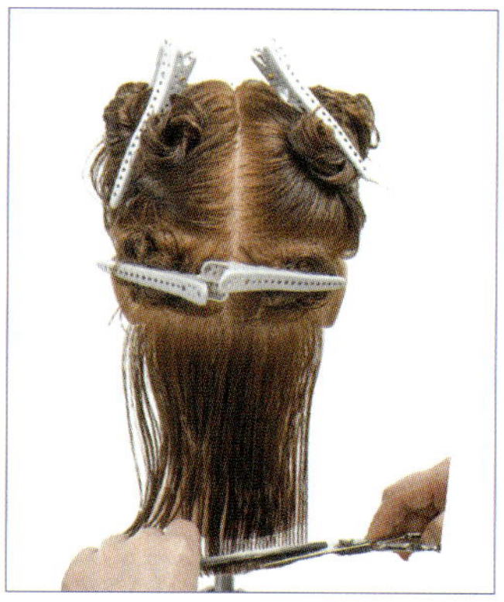

헤어커트 시 모발에 손을 대지 않고 빗만 사용하여 커트하는 기법으로 모발 길이를 커트할 때 텐션을 최소화하기 위해 빗을 사용한다.

## 16. 프리 핸즈 커트(Free Hands Cut) - 감각 커팅

손가락이나 다른 어떤 도구를 사용하지 않고 자유롭게 행하는 커트 방법이다. 텐션을 가하지 않는 상태에서 시술되며 모류의 방향성을 최대한 살려 느낌만으로 시술한다.

PART 2

# BASIC HAIR CUT

## 실기편

CHAPTER
# 01 수평 보브 커트

## 1. 헤어커트 준비하기

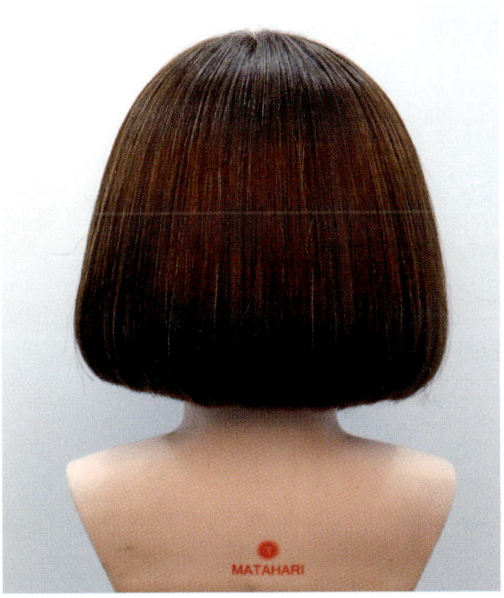

## 2. 헤어커트 시술하기

1 C.P에서 N.P까지 정중선으로 T.P에서 E.P까지 측중선으로 섹셔닝하여 4등분으로 나눈다.

2 네이프의 첫 번째 단은 수평 섹션으로 나눈 다음, 1.5cm 슬라이스한다. 중앙에서 가이드를 정한 다음 자연분배, 자연시술각 0°로 커트한다.

3 동일한 방법으로 커트를 진행한다. 두 번째 단도 수평섹션, 자연분배, 자연시술각 0°로 첫 번째 단의 가이드에 맞춰 일직선이 되도록 시술한다.

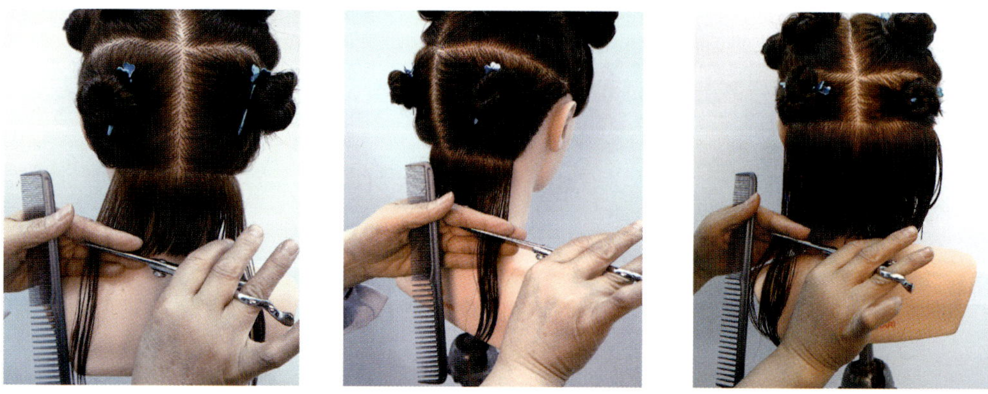

4 수평 섹션으로 1.5cm로 동일하게 떠서 빗질하여 중심 패널의 좌.우의 길이가 같도록 주의하면서 커트한다.

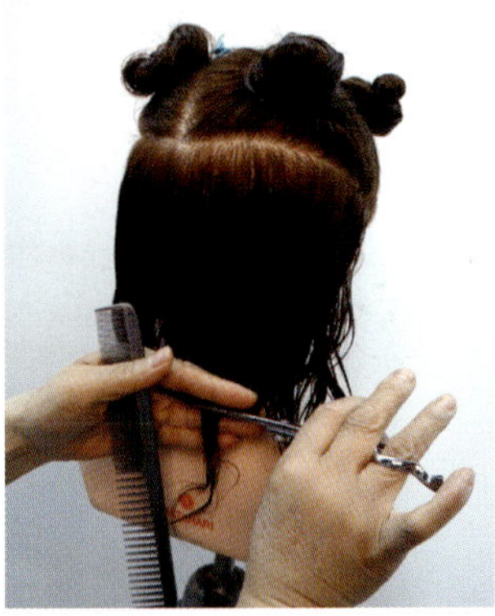

5 동일하게 슬라이스를 뜬 후 텐션을 주지 않고 빗질하여 자연스럽게 빗질된 상태에서 가이드에 맞춰 고정시켜 시술한다. 좌.우 길이가 동일한지 확인한다.

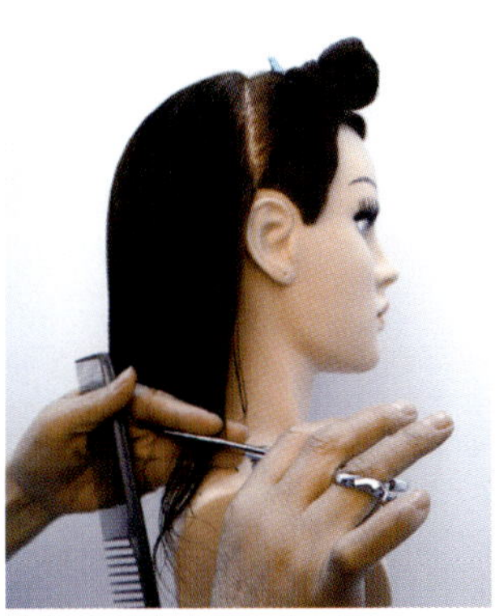
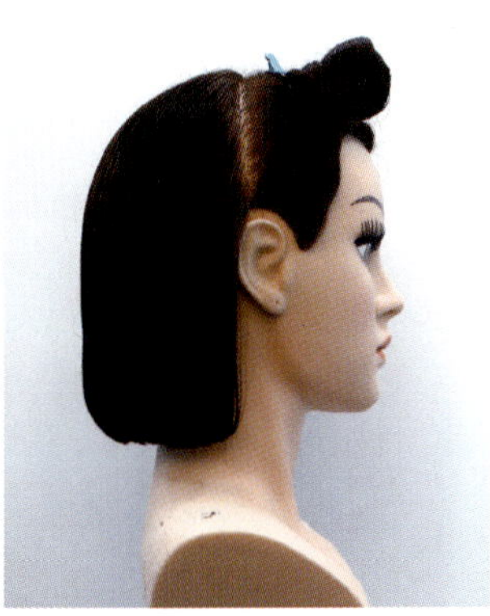

6 사이드는 E.P의 모발을 가이드에 맞춰 수평으로 커트한다. 텐션을 주지 않고 빗질하여 자연스럽게 빗질된 상태에서 커트한다. 좌.우의 길이를 확인한다.

[7] 다음 단도 동일하게 슬라이스를 한 다음, 자연분배, 자연시술각 0°로 시술한다.

[8] 수평 섹션으로 나눈 다음, 매끄럽게 빗질 후 가이드에 맞춰 텐션 없이 자연시술각 0°로 시술한다. 페이스라인의 곡선을 주위해서 텐션을 주지 않고 매끄럽게 빗질하여 일직선으로 커트한다.

[9] 완성된 상태이다.

CHAPTER
# 02 스파니엘 커트

## 1. 헤어커트 준비하기

## 2. 헤어커트 시술하기

1. C.P에서 N.P까지 정중선으로 T.P에서 E.P, E.P까지 측중선으로 섹셔닝하여 4등분으로 나눈다.

2. 네이프의 첫 번째 단은 전대각 섹션으로 나눈 다음, 1.5cm 슬라이스한다. 중앙에서 가이드를 정한 다음, 자연분배, 자연시술각 0°로 커트한다. 좌.우 길이가 동일한지 확인한다.

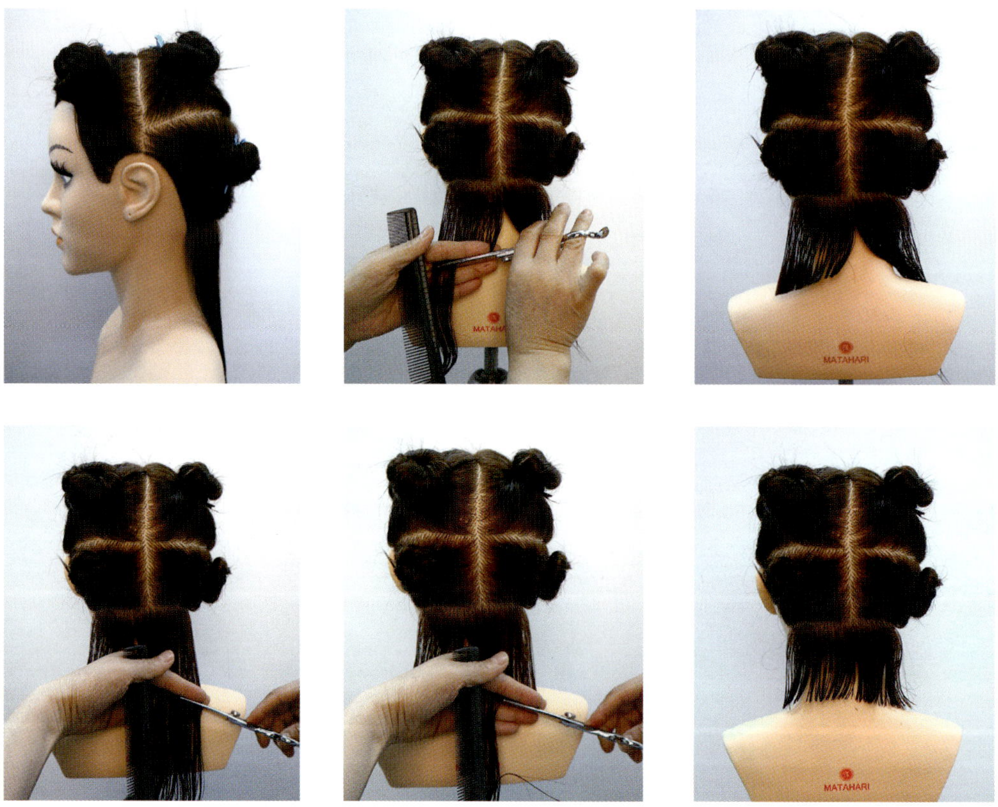

3 동일한 방법으로 전대각 섹션, 자연분배, 자연시술각 0°로 첫 번째 가이드에 맞춰 컨케이브 형태선이 되도록 커트한다. 좌.우의 길이가 동일한지 확인한다.

4 다음단도 전대각 섹션으로 1.5cm로 동일하게 떠서 곱게 빗질하여 커트한다.

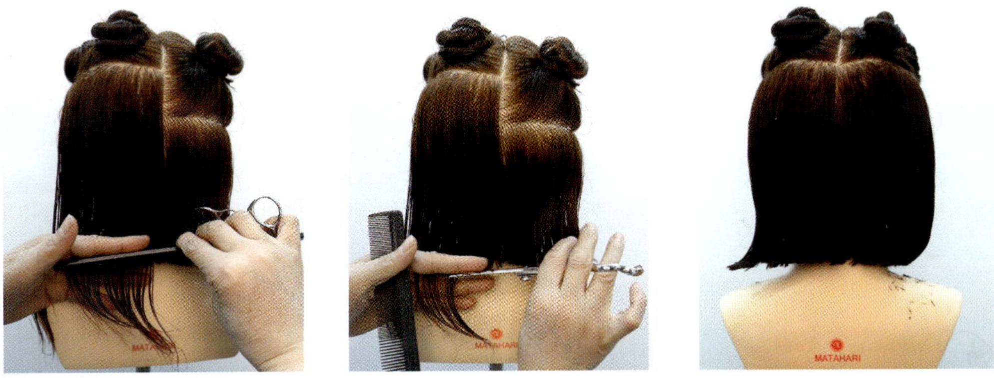

5 전대각 섹션으로 동일하게 떠서 곱게 빗질하여 중심 패널의 좌.우의 길이가 같도록 주의하면서 커트한다.

6 사이드는 E.P의 모발을 가이드에 맞춰 전대각 섹션하여 커트한다.

7 슬라이스를 뜬 후 텐션을 주지 않고 빗질하여 자연스럽게 빗질된 상태에서 가이드에 맞춰 시술한다. 좌.우의 길이가 동일한지 확인한다.

8 페이스라인의 곡선을 주위해서 텐션을 주지 않고 매끄럽게 빗질하여 클리퍼를 사용하여 모발 끝부분을 일직선으로 정리한다.

9 완성된 상태이다.

CHAPTER
# 03 이사도라 커트

## 1. 헤어커트 준비하기

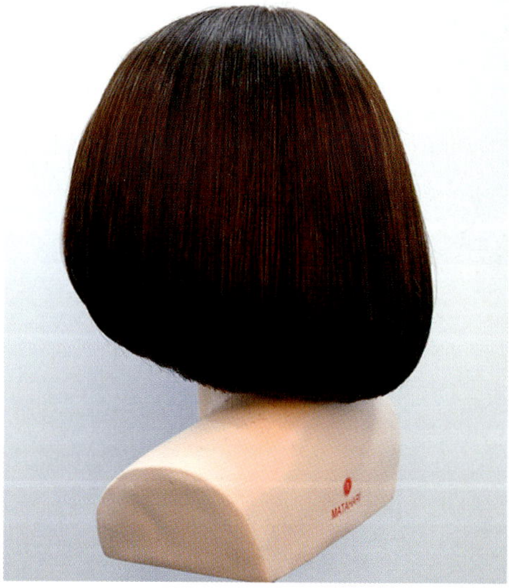

## 2. 헤어커트 시술하기

1 C.P에서 N.P까지 정중선으로 T.P에서 E.P까지 측중선으로 섹셔닝하여 4등분으로 나눈다.

2 네이프의 첫 번째 단을 후대각 섹션으로 나눈 다음, 1.5cm 슬라이스 한다. 중앙에서 가이드을 정한 다음 자연분배, 자연시술각 0°로 컨백스의 형태선으로 커트한다. 다음단도 동일한 방법으로 시술하며 좌.우의 길이가 같도록 주의하면서 커트한다.

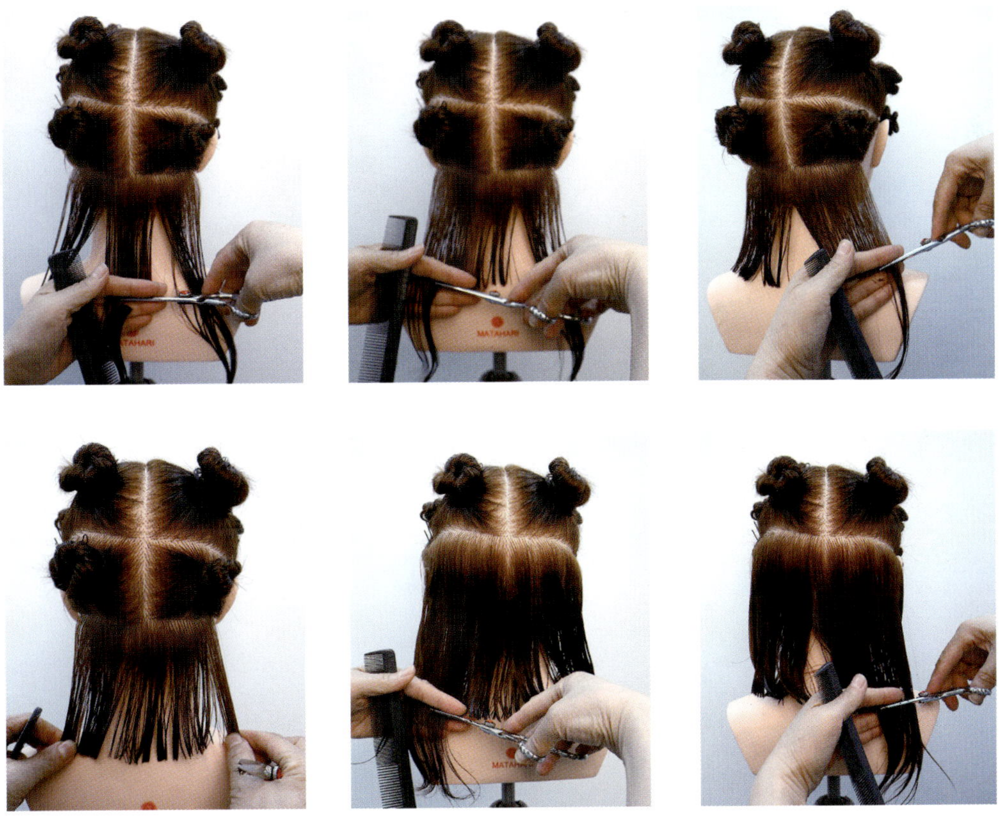

3 동일한 방법으로 후대각 섹션, 자연분배, 자연시술각 0°로 첫 번째 가이드라인에 맞춰 컨백스 형태선이 되도록 시술한다.

4 사이드는 E.P의 모발을 가이드에 맞춰 후대각으로 커트한다.

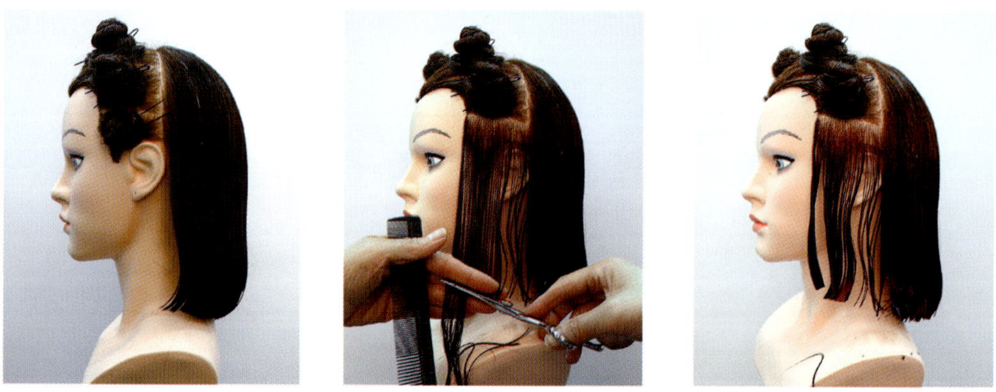

5 다음 단도 첫번째 단과 같이 슬라이스를 뜬 후 텐션을 주지 않고 빗질하여 자연스럽게 빗질된 상태에서 첫번째 가이드에 맞춰 시술한다.

6 반대편도 후대각 섹션으로 나눈 다음, 매끄럽게 빗질 후 가이드에 맞춰 텐션 없이 자연시술각 0°로 시술한다. 좌.우의 길이가 동일한지 확인한다. 페이스라인의 곡선을 주위해서 텐션을 주지 않고 매끄럽게 빗질하여 일직선으로 커트한다.

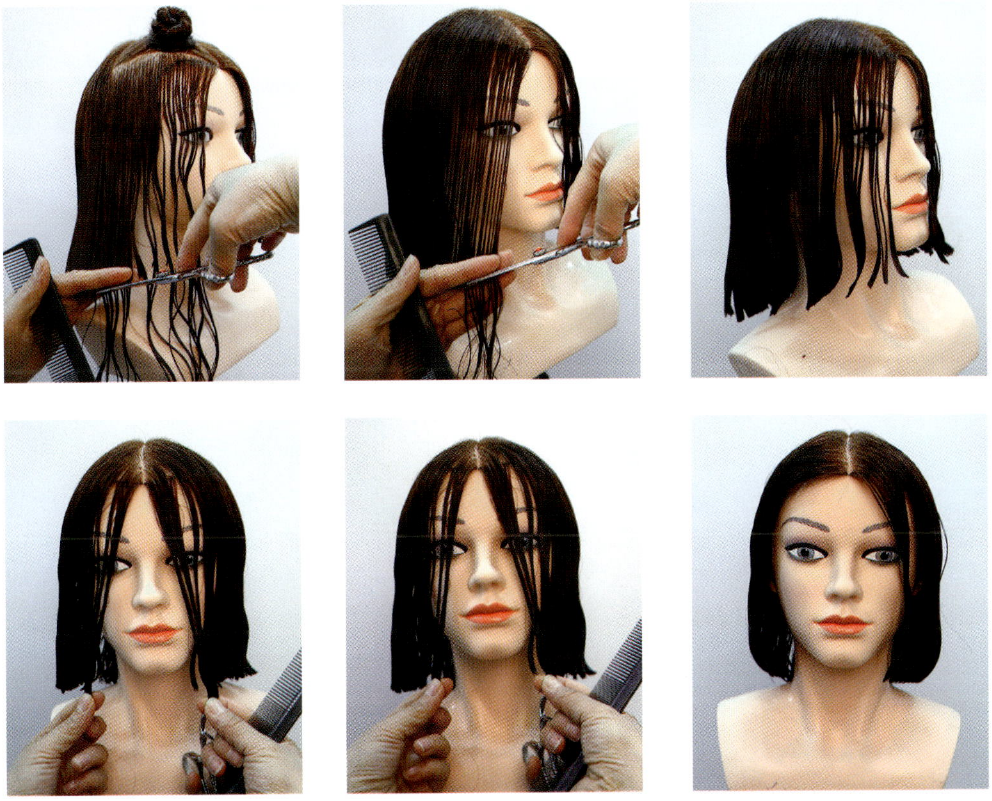

7 커트가 완성된 상태이다.

8 커트 시술 후 콤아웃 상태이다.

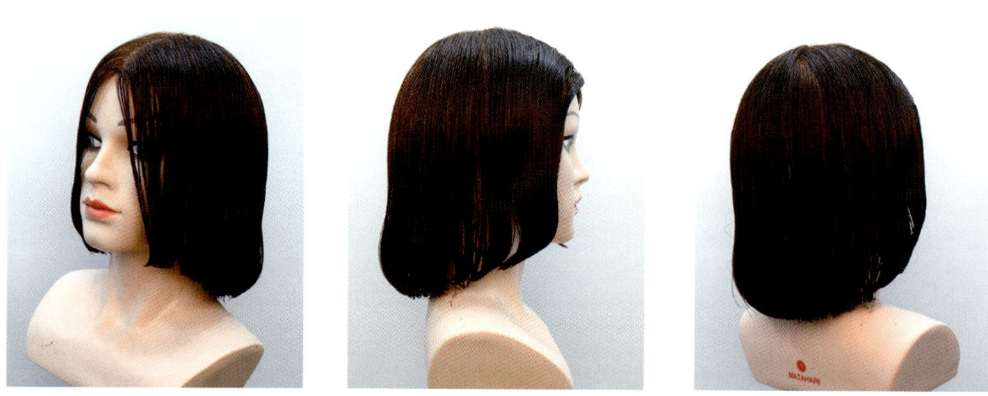

9 완성된 상태이다.

CHAPTER
# 04 그래쥬에이션 커트

## 1. 헤어커트 준비하기

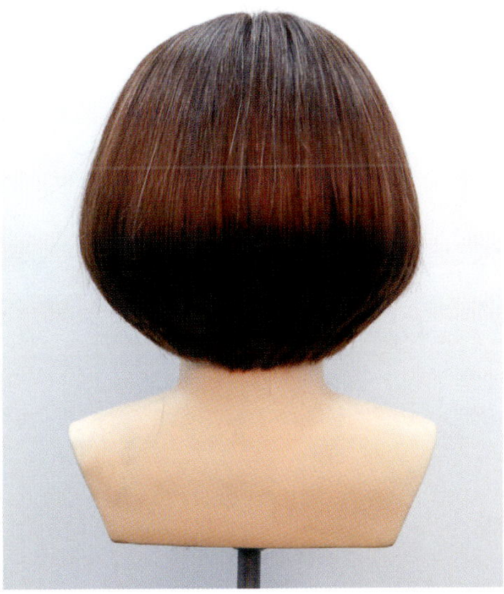

## 2. 헤어커트 시술하기

1 C.P에서 N.P까지 정중선으로 T.P에서 E.P, E.P까지 측중선으로 섹셔닝하여 4등분으로 나눈다.

2 첫 번째 단은 2~2.5cm폭으로 후대각 섹션이 되게 슬라이스 한 후 중앙 2cm를 가이드를 설정하여 커트하고 왼쪽과 오른쪽으로 이동하며 왼손 패널의 위치가 평행하게 정확히 잡은 후 블런트 커트 한다.

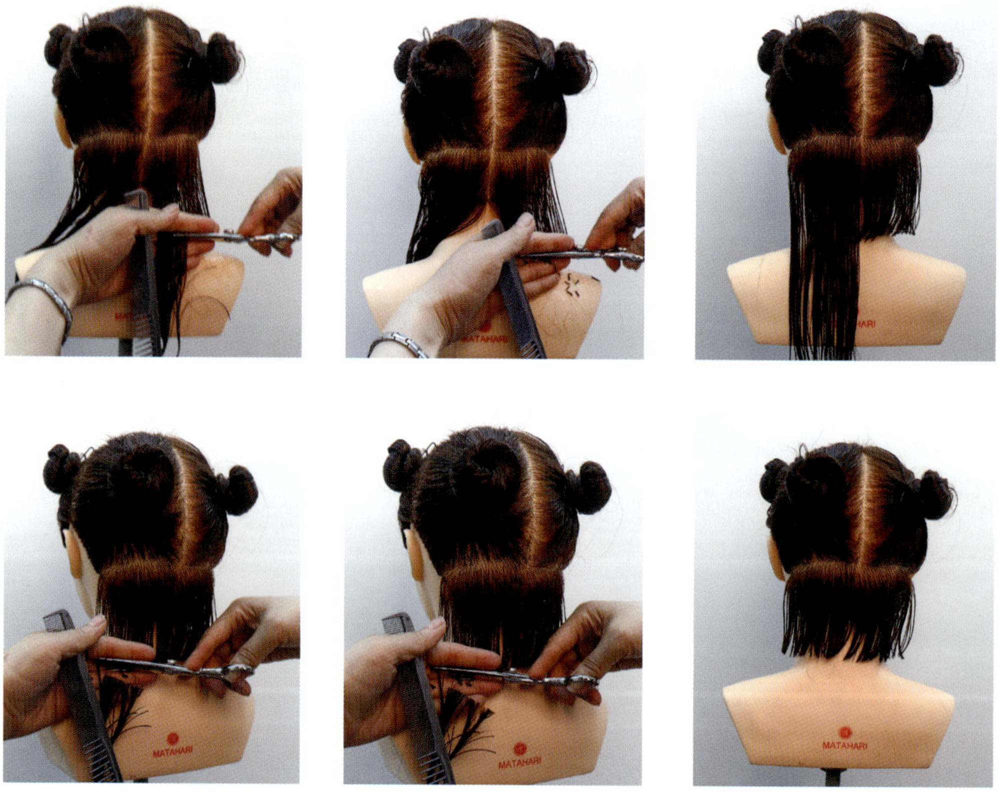

3 두 번째 단은 중앙 2cm를 떠서 45°들어 블런트 커트 한다.

4 다음 단도 45° 각도를 정확히 유지하며 이동라인으로 커트 한다.

5 중앙부터 무게감을 주기위해 15°들어 오른쪽으로 이동해 가며 패널의 위치가 평행이 되게 블런트 커트 한다.

6 사이드 첫 번째 단은 0°, 두 번째와 세 번째 단은 15°를 들어 패널의 위치가 슬라이스와 평행이 되게 블런트 커트해 간다.

7 같은 방법으로 커트한다.

8 반대편 사이드의 첫 번째 단은 0°, 두 번째와 세 번째 단은 15°를 들어 패널의 위치가 슬라이스와 평행이 되게 블런트 커트해 간다. 좌.우의 길이가 동일하도록 확인한다.

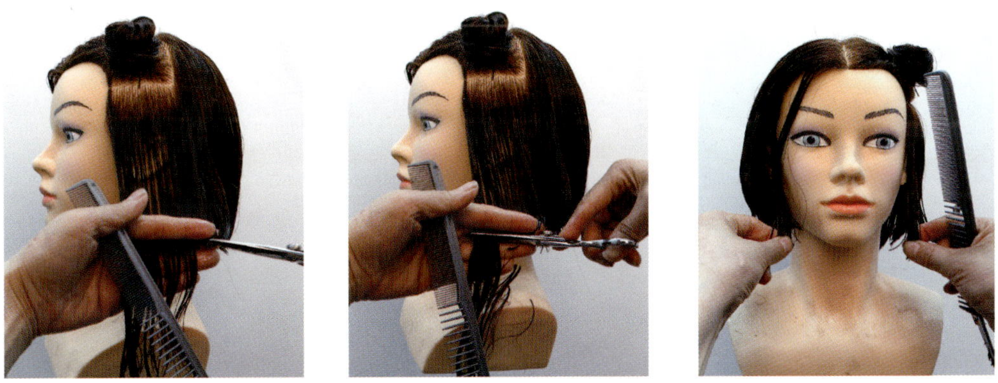

9 모류의 방향으로 빗질하여 각자의 위치에서 정돈한다.

10 커트 시술 후 콤아웃 상태이다.

11 완성된 상태이다.

CHAPTER
# 05 유니폼 레이어 커트

## 1. 헤어커트 준비하기

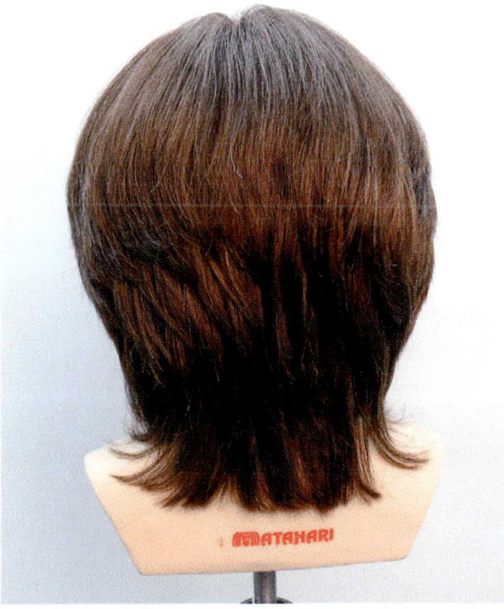

## 2. 헤어커트 시술하기

1 C.P에서 N.P까지 정중선으로 T.P에서 E.P, E.P까지 측중선으로 섹셔닝하여 4등분으로 나눈다.

2 네이프의 첫 번째단을 수평 섹션으로 나눈 다음, 1.5cm 슬라이스한다. 중앙에서 가이드를 정한 다음 자연분배, 자연시술각 0°로 커트한 후 일반 시술각 90°로 들어서 커트한다. 모발의 길이가 좌.우 동일한지 확인한다.

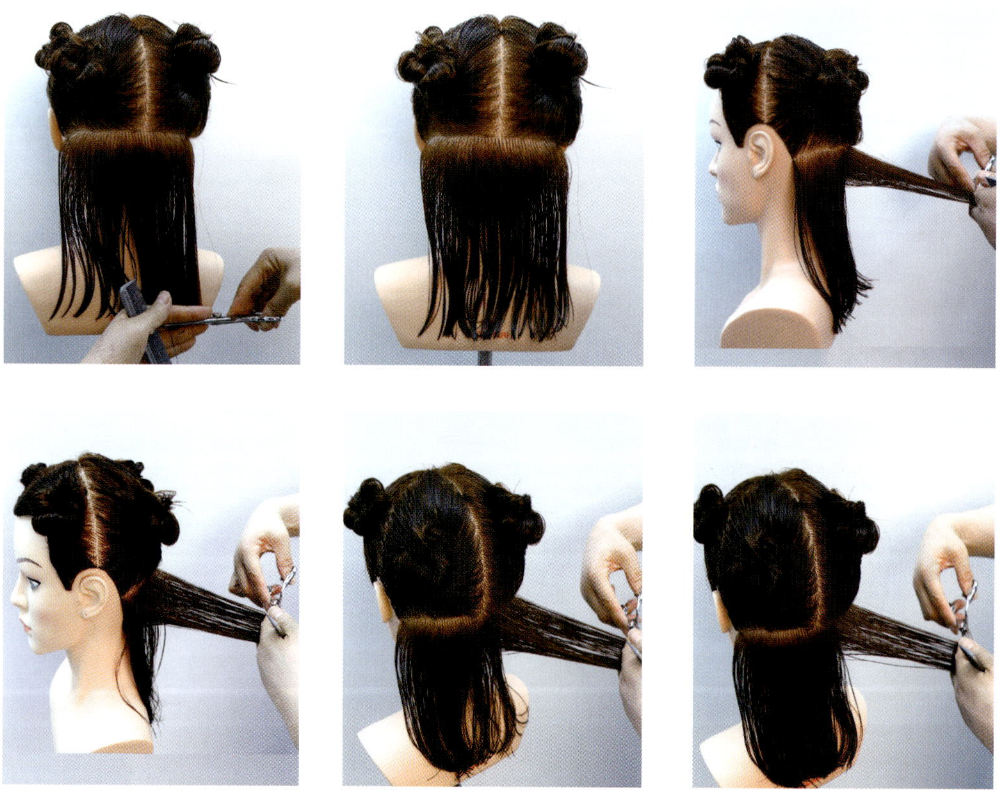

3 두 번째도 수평 섹션, 직각분배, 이동 가이드, 일반 시술각 90°로 커트하며 좌.우의 길이가 같도록 주의하면서 시술한다.

4 동일하게 수평 섹션, 직각분배, 이동 가이드, 일반 시술각 90°로 커트하며 좌.우의 길이가 같도록 주의하면서 시술한다.

5 인테리어는 버티컬 섹션을 사용하여 두상의 곡면을 따라 90°로 시술한다. 일반 시술각 90°, 이동 가이드, 손위치는 두상 곡면과 평행이 되도록 하여 온 더 베이스로 시술한다.

6 사이드의 첫 번째 단은 E.P의 모발을 가이드에 맞춰 블런트 커트한 다음, 모발의 판넬을 두상 90°로 들어서 커트를 시술한다.

7 반대편도 동일하게 시술한다. 좌.우의 길이가 같은지 확인한다. 일반 시술각 90°로 이동 가이드, 온 더 베이스로 커트를 시술한다.

8 커트 시술이 끝난 상태이다.

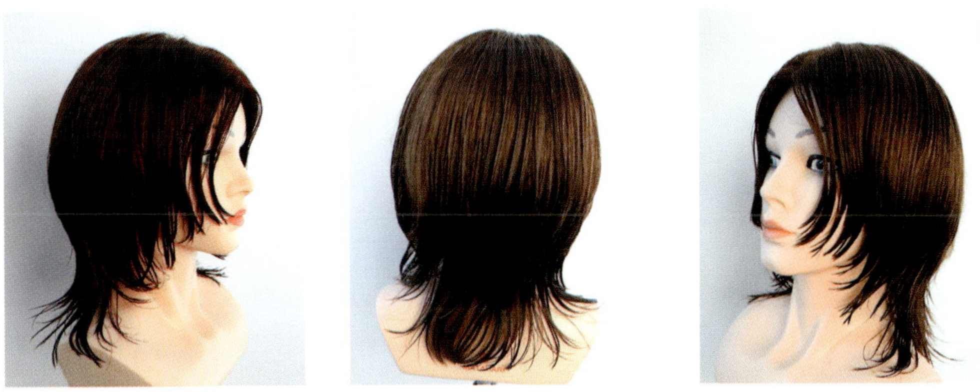

9 완성된 상태이다.

CHAPTER
# 06 인크리스 레이어 커트

## 1. 헤어커트 준비하기

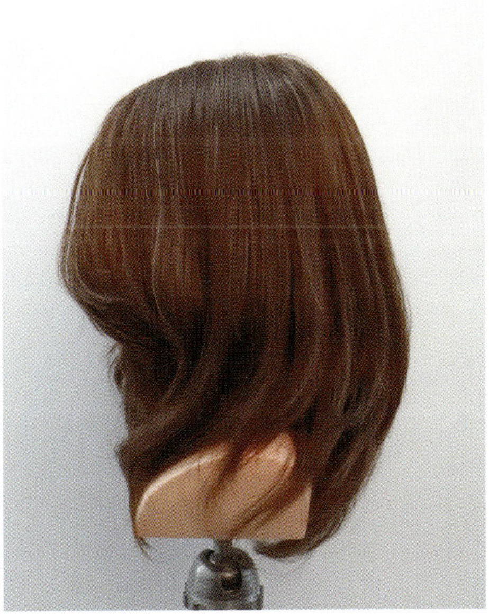

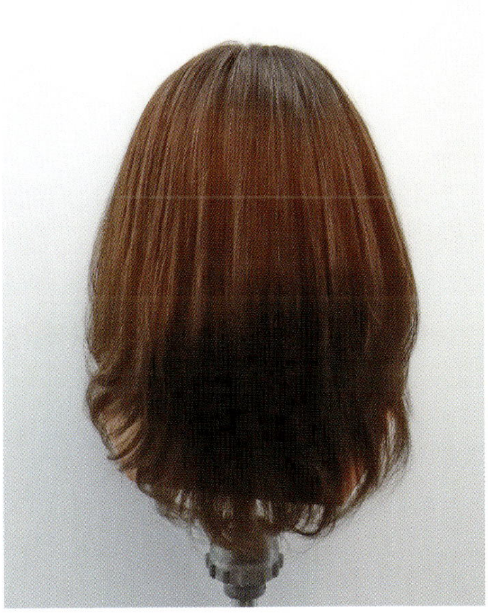

## 2. 헤어커트 시술하기

1 크레스트로 섹셔닝하고 이어 투 이어로 나눈다.

2 아웃사이드는 수직 섹션하여 가이드를 설정한 다음, 시술각 90°, 온 더 베이스로 커트를 시술한다.

3 사이드는 수직 섹션한 다음, 빗질하여 턱선을 기준으로 가이드를 설정한다. 손가락은 섹션과 비평행하여 슬라이드 커트한다. E.B.P까지 동일한 방법으로 첫 번째 가이드에 맞춰 슬라이드 커트하고 모발 끝까지 연결한다. 크라운 부위는 피벗 섹션하여 가이드라인에 맞춰 슬라이드 커트하여 옆머리와 자연스럽게 연결한다.

4 반대편도 동일하게 시술한다. 턱선을 기준으로 가이드를 설정하여 왼손은 아래로 향하게 모발을 잡은 다음, 슬라이스 커트하여 자연스럽게 연결한다.

5 커트 시술이 끝난 후 좌.우 대칭이 맞는지 확인한다. 커트가 완성된 상태이다.

6 형태 선 정리 한 다음, 질감 처리한다.

7 완성된 상태이다.

CHAPTER

# 07 응용 보브 커트

## 1. 헤어커트 준비하기

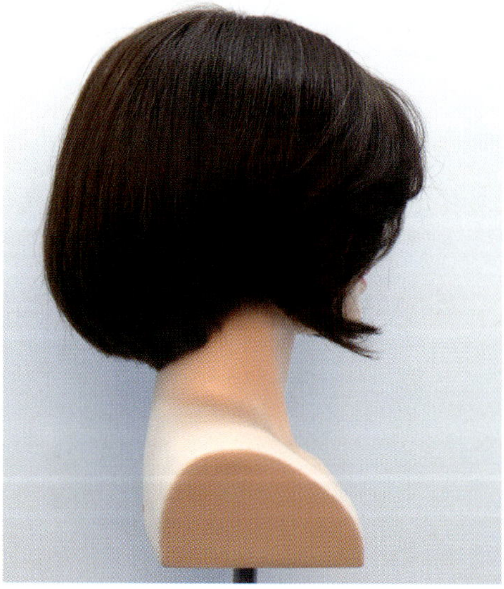

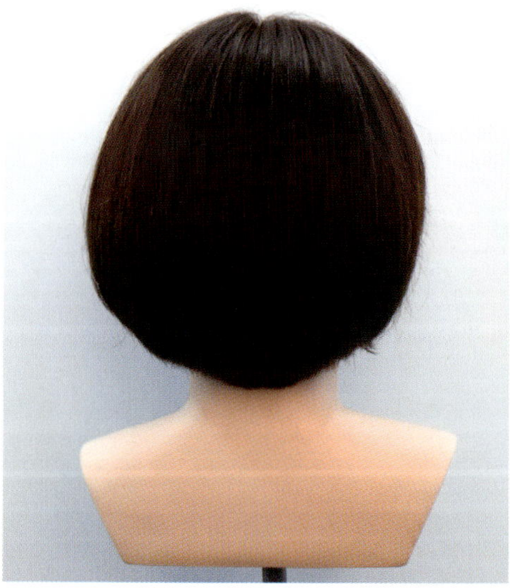

## 2. 헤어커트 시술하기

1 크레스트로 섹션하고 이어 투 이어로 나눈다. T.P에서 N.P까지 나눈다.

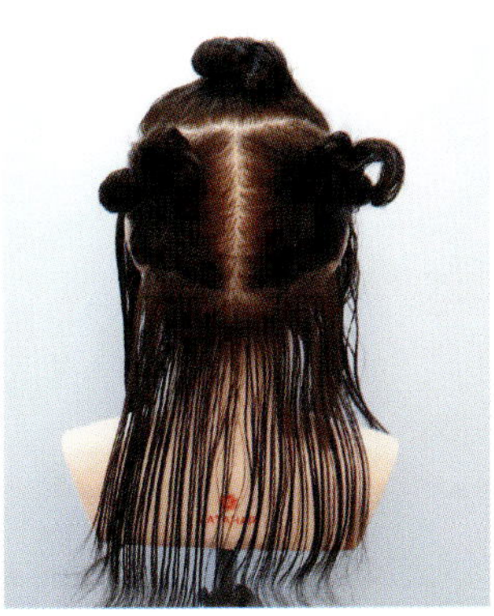

2 네이프의 첫 번째 단을 후대각 섹션으로 나눈 다음, 1.5cm 슬라이스 한다. 중앙에 가이드을 정한 다음, 자연분배, 자연시술각 0°로 컨백스의 형태선으로 커트한다.

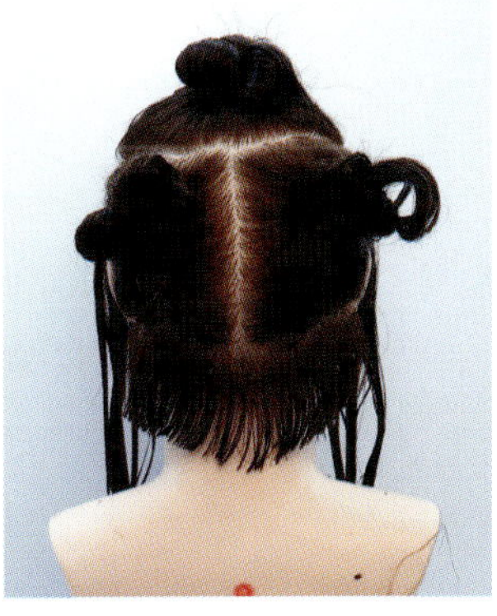

③ 다음단도 동일한 방법으로 첫 번째 가이드에 고정시켜 컨백스 형태선이 되도록 시술한다 .좌.우의 길이가 같도록 주의하면서 커트한다.

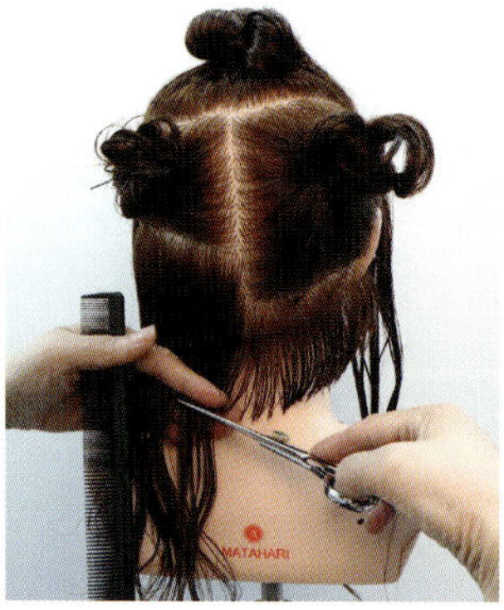
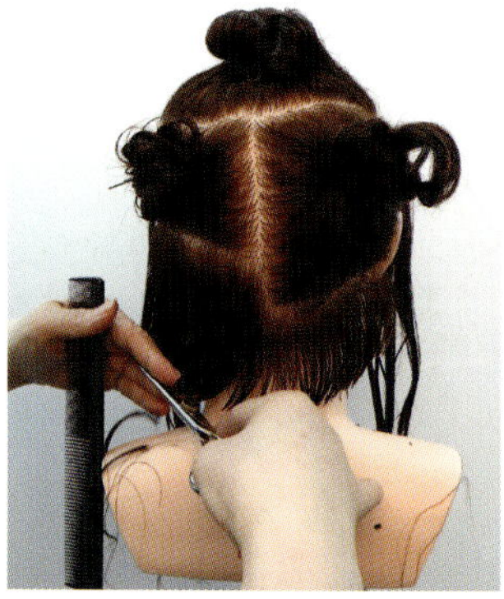
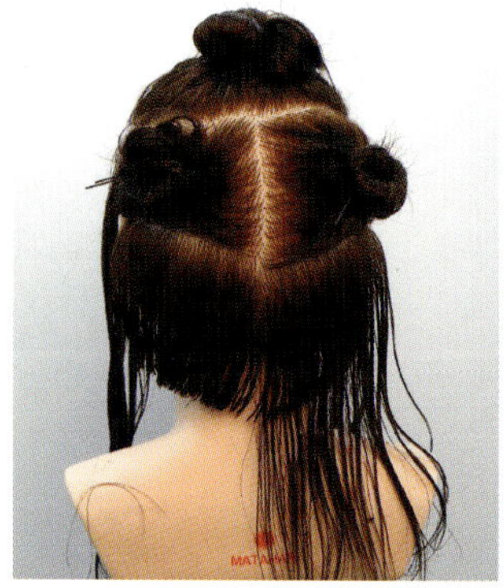

④ 다음단도 동일하게 시술한다. 후대각 섹션, 자연분배, 자연 시술각으로 커트을 시술한다.

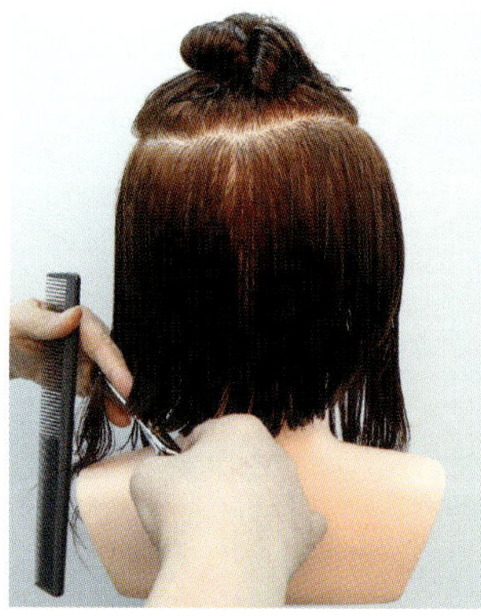
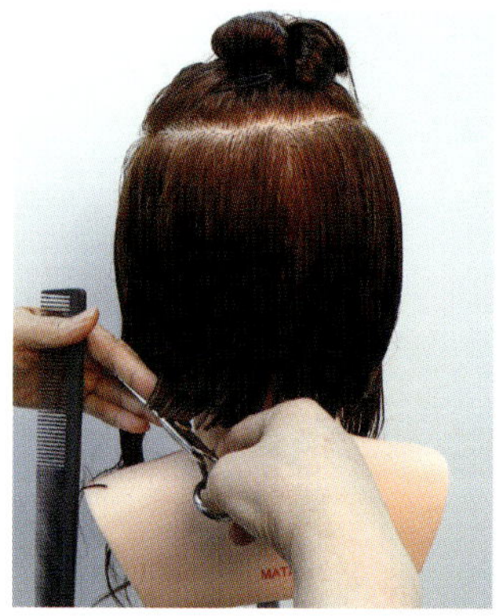

5 사이드는 수평 섹션한다. 손가락은 섹션과 비평행으로 하여 E.B.P의 모발의 길이에 고정시켜 자연스럽게 연결한다. 컨케이브 형태선을 확인할 수 있다.

6 반대편도 수평 섹션으로 나눈 다음 동일하게 시술한다. 좌.우의 길이가 동일한지 확인한다

7 크라운 부분은 모류의 방향을 확인하며 텐션을 주지 않고 자연스럽게 빗질된 상태에서 첫 번째단의 가이드에 맞춰 커트한다.

8 대각의 섹션라인에서 낮은 각도, 섹션과 평행하게 길이의 가이드를 설정한다. 모든 모발을 가이드에 모아서 길이가 극단적으로 길어지도록 커트한다.

9 앞머리는 옆머리와 연결한 다음, 슬라이드 테크닉으로  얼굴쪽으로 자연스럽게 라인을 정리한다.

10 커트가 끝난 상태이다.

11 완성된 상태이다.

BASIC HAIR CUT
부록

| 1. 헤어커트의 목적? |
| --- |
| 2. 헤어디자인의 3요소? |
| 3. 레이저의 종류에 관해 서술하시오. |

4. 섹션의 5가지 종류에 관해 서술하시오.

5. 분배의 4가지의 방법에 관해 서술하시오.

6. 베이스의 4가지 방법에 관해 서술하시오.

7. 가위의 구조를 기입하세요.

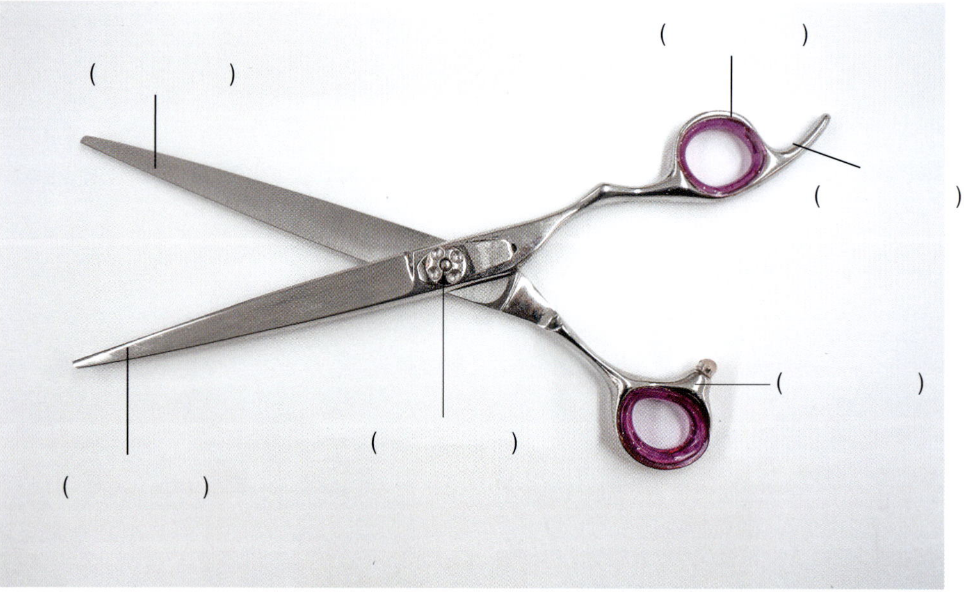

8. 가위의 종류에 관해 서술하시오

① 재질에 따른 분류

② 사용 목적에 따른 분류

9. 빗의 구조를 기입하시오.

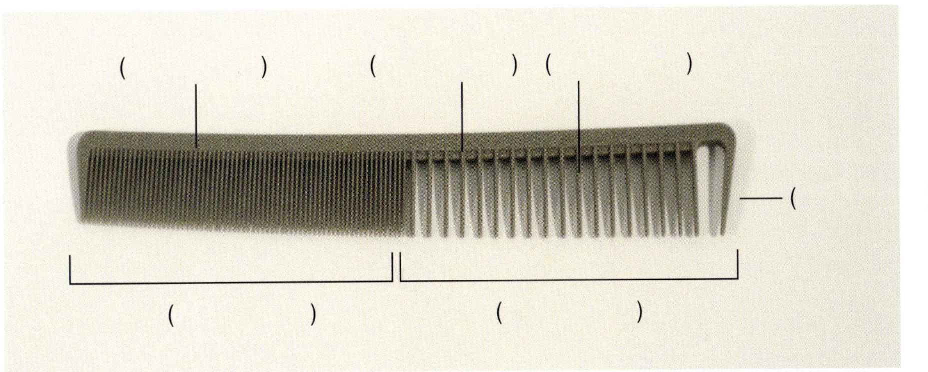

10. 틴닝 가위 날의 간격과 시술 방법에 관해 서술하시오.

① 1/8 inch(20발 이하)

② 1/16 inch(27~33발)

③ 1/32 inch(40발 이하)

11. 얼굴형의 특징과 피해야 할 스타일에 관해 서술하시오.

① 달걀형

② 둥근형

③ 장방형(직사각형)

④ 사각형(정사각형)

⑤ 마름모형

⑥ 삼각형

⑦ 역삼각형

12. 디자인의 원리에 관해 서술하시오

13. 시술 각도는 헤어커트 시 두상으로부터 모발을 들어 올려 펼치거나 내려진 상태로 커트하는 각도를 말한다. 시술 각도의 종류에 관해 서술하시오.

① 자연 시술각(Natural Fall)

② 일반 시술각(Normal Projection)

14. 가이드 라인의 종류는?

① 고정 디자인 라인

② 이동 디자인 라인

③ 다중 디자인 라인

15. 커트 시술 시 테크닉에 관한 방법으로 레이저를 사용하여 커트하는 방법은?

( ), ( )

16. 레이저를 사용하여 질감처리 방법은?

( ), ( ), ( )

17. 커트 시술 시 테크닉에 관한 방법으로 가위를 사용하여 질감처리 하는 방법은?

( ), ( )

18. 커트 시술 시 테크닉에 관한 방법으로 가위를 사용하여 커트하는 방법은?

( ), ( ), ( )

( ), ( )

( ), ( )

19. 테이퍼링의 종류에 관해 서술하시오.

① 엔드 테이퍼링

② 노멀 테이퍼링

③ 딥 테이퍼링

20. 용어 정리

① 블로킹(Blocking): 정확한 작업을 위해 두상을 큰 구역으로 나누는 것

② 슬라이스(Slice): 일정량의 모발을 얇게 뜨는 것

③ 섹션(Section): 커트 시술시 모발을 나누어 분배하고 조절해 주기 위한 나누어 주는 선

④ 판넬(Panel): 한 장의 판과 같이 떠낸 섹션을 빗질하여 판판하게 잡은 상태

⑤ 텐션(Tension): 모발을 손가락으로 잡았을 때 당기는 힘의 정도

⑥ 네이프 라인(Nape Line): 모발이 나기 시작하는 선

⑦ 가이드 라인(Guide Line): 안내선 이라함, 헤어 커트 시 처음으로 기준을 잡아 주는 선

⑧ 온 더 베이스(On the Base): 판넬을 떠서 파팅의 중심이 두피로부터 직각(90°) 으로 잡아 커트하는 방법

⑨ 오프 더 베이스(Off the Base): 판넬을 떠서 그 베이스의 중심이 사이드 베이스를 넘게 당겨서 커트하는 방법 (오른쪽 또는 왼쪽으로 얼마만큼 당기느냐에 따라 심한 사선라인을 만듬)

⑩ 사이드 베이스(Side Base): 베이스의 중심이 오른쪽 변 또는 왼쪽 변으로 선정하고 그 기준을 중심으로 모발의 길이가 점점 길어지거나 점점 짧아지는 것

⑪ 프리 베이스(Free Base): 온 더 베이스와 사이드 베이스 중간의 베이스

⑫ 버티컬(Vertical): 바닥에 대한 수직 방향

⑬ 호리존탈(Horizontal): 바닥에 대한 가로 방향, 수평

⑭ 다이애거널(Diagonal): 바닥에 대한 사선 방향, 대각

⑮ 크레스트(Crest area): 두상의 가장 넓은 부분

⑯ 인테리어(Interior): 크레스트를 기준으로 윗 부분

⑰ 엑스테리어(Exterior): 크레스트를 기준으로 아래 부분

## 원랭스 커트(One Length Cut) REVIEW

1. 원랭스 커트의 구조(Structure)를 그려 보세요.

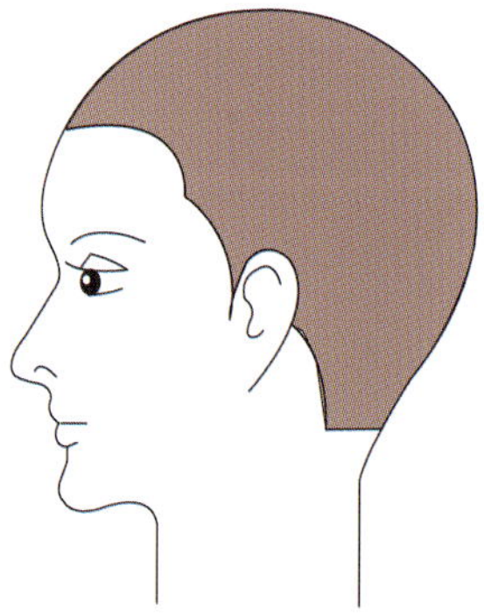

2. 원랭스 커트를 시술하기 위한 각도(Angle)는?

3. 원랭스 커트의 가이드라인(Guide Line)은?

4. 원랭스 커트의 질감(Texture)은?

5. 원랭스 커트의 모양(Shape)은?

## 그래쥬에이션 커트(Graduation Cut) REVIEW

1. 그래쥬에이션 커트의 구조(Structure)를 그려 보세요.

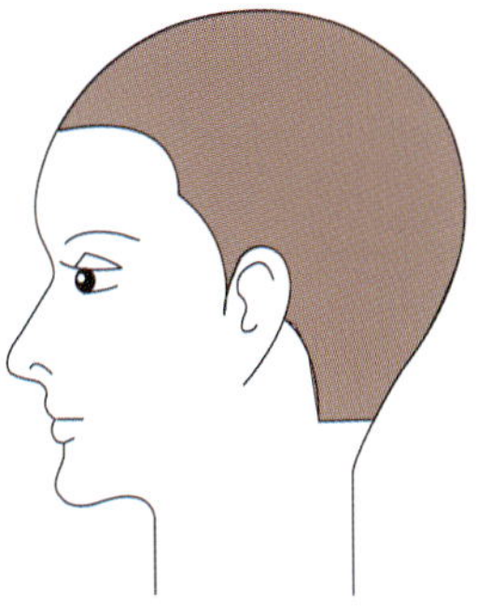

2. 그래쥬에이션 커트를 시술하기 위한 각도(Angle)는?

3. 그래쥬에이션 커트의 가이드라인(Guide Line)은?

4. 그래쥬에이션 커트의 질감(Texture)은?

5. 그래쥬에이션 커트의 모양(Shape)은?

6. 그래쥬에이션 커트에 사용되는 분배(Distribution)는?

## 유니폼 레이어 커트(Uniform Layer Cut) REVIEW

1. 유니폼 레이어 커트의 구조(Structure)를 그려 보세요.

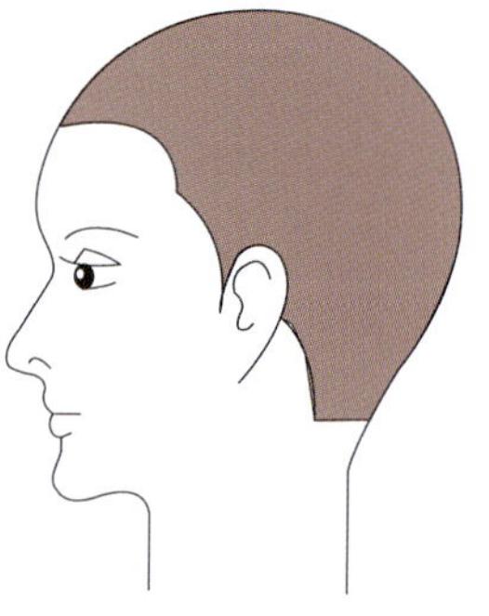

2. 유니폼 레이어 커트를 시술하기 위한 각도(Angle)는?

3. 유니폼 레이어 커트의 가이드라인(Guide Line)은?

4. 유니폼 레이어 커트의 질감(Texture)은?

5. 유니폼 레이어 커트의 모양(Shape)은?

6. 유니폼 레이어 커트에 사용되는 분배(Distribution)는?

## 인크리스 레이어 커트(Increase Layer Cut) REVIEW

1. 인크리스 레이어 커트의 구조(Structure)를 그려 보세요.

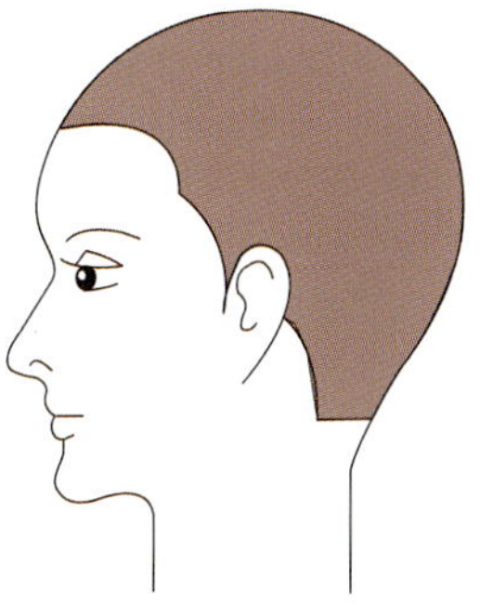

2. 인크리스 레이어 커트를 시술하기 위한 각도(Angle)는?

3. 인크리스 레이어 커트의 가이드라인(Guide Line)은?

4. 인크리스 레이어 커트의 질감(Texture)은?

5. 인크리스 레이어 커트의 모양(Shape)은?

6. 인크리스 레이어 커트에 사용되는 분배(Distribution)는?

# Portfolio

## 베이직 헤어커트

| 교과목명 | 베이직 헤어커트 |
| --- | --- |
| 학 교 명 | |
| 학 과<br>( 전 공 ) | |
| 이 름 | |
| 학 번 | |
| 담당 교수 | |
| 제 출 일 | |
| 점 수 | |

<table>
<tr><th colspan="4">실습 일지</th></tr>
<tr><td>작성일자</td><td>20 년 월 일</td><td>교과목명</td><td></td></tr>
<tr><td>학 년</td><td>학년 반</td><td>담당교수</td><td></td></tr>
<tr><td>학 번</td><td></td><td>성 명</td><td></td></tr>
<tr><td>학습내용</td><td colspan="3"></td></tr>
<tr><td>학습목표</td><td colspan="3"></td></tr>
<tr><th colspan="4">Cut Process</th></tr>
<tr><td>시술<br>순서</td><td colspan="3"></td></tr>
<tr><td rowspan="2">시술<br>과정</td><td></td><td></td><td></td></tr>
<tr><td></td><td></td><td></td></tr>
</table>

| Styling Process | | | |
|---|---|---|---|
| 시술<br>순서 | | | |
| 시술<br>과정 | | | |
| | | | |
| 완성<br>작품 | | | |

| 실습 일지 | | | |
|---|---|---|---|
| 작성일자 | 20 년 월 일 | 교과목명 | |
| 학 년 | 학년 반 | 담당교수 | |
| 학 번 | | 성 명 | |
| 학습내용 | | | |
| 학습목표 | | | |

| Cut Process | | | |
|---|---|---|---|
| 시술<br>순서 | | | |
| 시술<br>과정 | | | |
| | | | |

| Styling Process | | | |
|---|---|---|---|
| 시술<br>순서 | | | |
| 시술<br>과정 | | | |
| | | | |
| 완성<br>작품 | | | |

| 실습 일지 | | | |
|---|---|---|---|
| 작성일자 | 20 년 월 일 | 교과목명 | |
| 학 년 | 학년 반 | 담당교수 | |
| 학 번 | | 성 명 | |
| 학습내용 | | | |
| 학습목표 | | | |

| Cut Process | | | |
|---|---|---|---|
| 시술<br>순서 | | | |
| 시술<br>과정 | | | |
| | | | |

| Styling Process | | | |
|---|---|---|---|
| 시술<br>순서 | | | |
| 시술<br>과정 | | | |
| | | | |
| 완성<br>작품 | | | |

<table>
<tr><th colspan="4">실습 일지</th></tr>
<tr><td>작성일자</td><td>20 년 월 일</td><td>교과목명</td><td></td></tr>
<tr><td>학 년</td><td>학년 반</td><td>담당교수</td><td></td></tr>
<tr><td>학 번</td><td></td><td>성 명</td><td></td></tr>
<tr><td>학습내용</td><td colspan="3"></td></tr>
<tr><td>학습목표</td><td colspan="3"></td></tr>
<tr><th colspan="4">Cut Process</th></tr>
<tr><td>시술<br>순서</td><td colspan="3"></td></tr>
<tr><td rowspan="2">시술<br>과정</td><td></td><td></td><td></td></tr>
<tr><td></td><td></td><td></td></tr>
</table>

| Styling Process | | | |
|---|---|---|---|
| 시술<br>순서 | | | |
| 시술<br>과정 | | | |
| | | | |
| 완성<br>작품 | | | |

<table>
<tr><th colspan="4">실습 일지</th></tr>
<tr><td>작성일자</td><td>20 년 월 일</td><td>교과목명</td><td></td></tr>
<tr><td>학 년</td><td>학년 반</td><td>담당교수</td><td></td></tr>
<tr><td>학 번</td><td></td><td>성 명</td><td></td></tr>
<tr><td>학습내용</td><td colspan="3"></td></tr>
<tr><td>학습목표</td><td colspan="3"></td></tr>
<tr><th colspan="4">Cut Process</th></tr>
<tr><td>시술<br>순서</td><td colspan="3"></td></tr>
<tr><td rowspan="2">시술<br>과정</td><td></td><td></td><td></td></tr>
<tr><td></td><td></td><td></td></tr>
</table>

| Styling Process | | | |
|---|---|---|---|
| 시술<br>순서 | | | |
| 시술<br>과정 | | | |
| | | | |
| 완성<br>작품 | | | |

<table>
<tr><th colspan="6">실습 일지</th></tr>
<tr><td>작성일자</td><td colspan="2">20 년 월 일</td><td>교과목명</td><td colspan="2"></td></tr>
<tr><td>학 년</td><td colspan="2">학년 반</td><td>담당교수</td><td colspan="2"></td></tr>
<tr><td>학 번</td><td colspan="2"></td><td>성 명</td><td colspan="2"></td></tr>
<tr><td>학습내용</td><td colspan="5"></td></tr>
<tr><td>학습목표</td><td colspan="5"></td></tr>
<tr><th colspan="6">Cut Process</th></tr>
<tr><td>시술<br>순서</td><td colspan="5"></td></tr>
<tr><td rowspan="2">시술<br>과정</td><td></td><td colspan="2"></td><td colspan="2"></td></tr>
<tr><td></td><td colspan="2"></td><td colspan="2"></td></tr>
</table>

| Styling Process | | | |
|---|---|---|---|
| 시술<br>순서 | | | |
| 시술<br>과정 | | | |
| | | | |
| 완성<br>작품 | | | |

<table>
<tr><th colspan="4">실습 일지</th></tr>
<tr><td>작성일자</td><td>20 년 월 일</td><td>교과목명</td><td></td></tr>
<tr><td>학 년</td><td>학년 반</td><td>담당교수</td><td></td></tr>
<tr><td>학 번</td><td></td><td>성 명</td><td></td></tr>
<tr><td>학습내용</td><td colspan="3"></td></tr>
<tr><td>학습목표</td><td colspan="3"></td></tr>
<tr><th colspan="4">Cut Process</th></tr>
<tr><td>시술<br>순서</td><td colspan="3"></td></tr>
<tr><td rowspan="2">시술<br>과정</td><td></td><td></td><td></td></tr>
<tr><td></td><td></td><td></td></tr>
</table>

| Styling Process | | | |
|---|---|---|---|
| 시술<br>순서 | | | |
| 시술<br>과정 | | | |
| | | | |
| 완성<br>작품 | | | |

<table>
<tr><th colspan="4">실습 일지</th></tr>
<tr><td>작성일자</td><td>20 년 월 일</td><td>교과목명</td><td></td></tr>
<tr><td>학 년</td><td>학년 반</td><td>담당교수</td><td></td></tr>
<tr><td>학 번</td><td></td><td>성 명</td><td></td></tr>
<tr><td>학습내용</td><td colspan="3"></td></tr>
<tr><td>학습목표</td><td colspan="3"></td></tr>
<tr><th colspan="4">Cut Process</th></tr>
<tr><td>시술<br>순서</td><td colspan="3"></td></tr>
<tr><td rowspan="2">시술<br>과정</td><td></td><td></td><td></td></tr>
<tr><td></td><td></td><td></td></tr>
</table>

<table>
<tr><th colspan="4">Styling Process</th></tr>
<tr><td>시술<br>순서</td><td colspan="3"></td></tr>
<tr><td rowspan="2">시술<br>과정</td><td></td><td></td><td></td></tr>
<tr><td></td><td></td><td></td></tr>
<tr><td>완성<br>작품</td><td></td><td></td><td></td></tr>
</table>

<table>
<tr><th colspan="4">실습 일지</th></tr>
<tr><td>작성일자</td><td>20 년 월 일</td><td>교과목명</td><td></td></tr>
<tr><td>학 년</td><td>학년 반</td><td>담당교수</td><td></td></tr>
<tr><td>학 번</td><td></td><td>성 명</td><td></td></tr>
<tr><td>학습내용</td><td colspan="3"></td></tr>
<tr><td>학습목표</td><td colspan="3"></td></tr>
<tr><th colspan="4">Cut Process</th></tr>
<tr><td>시술<br>순서</td><td colspan="3"></td></tr>
<tr><td rowspan="2">시술<br>과정</td><td></td><td></td><td></td></tr>
<tr><td></td><td></td><td></td></tr>
</table>

| Styling Process | | | |
|---|---|---|---|
| 시술<br>순서 | | | |
| 시술<br>과정 | | | |
| | | | |
| 완성<br>작품 | | | |

<table>
<tr><th colspan="4">실습 일지</th></tr>
<tr><td>작성일자</td><td>20 년 월 일</td><td>교과목명</td><td></td></tr>
<tr><td>학 년</td><td>학년 반</td><td>담당교수</td><td></td></tr>
<tr><td>학 번</td><td></td><td>성 명</td><td></td></tr>
<tr><td>학습내용</td><td colspan="3"></td></tr>
<tr><td>학습목표</td><td colspan="3"></td></tr>
<tr><th colspan="4">Cut Process</th></tr>
<tr><td>시술<br>순서</td><td colspan="3"></td></tr>
<tr><td rowspan="2">시술<br>과정</td><td></td><td></td><td></td></tr>
<tr><td></td><td></td><td></td></tr>
</table>

<table>
<tr><th colspan="4">Styling Process</th></tr>
<tr><td>시술<br>순서</td><td colspan="3"></td></tr>
<tr><td rowspan="2">시술<br>과정</td><td></td><td></td><td></td></tr>
<tr><td></td><td></td><td></td></tr>
<tr><td>완성<br>작품</td><td></td><td></td><td></td></tr>
</table>

| 실습 일지 | | | |
|---|---|---|---|
| 작성일자 | 20 년 월 일 | 교과목명 | |
| 학 년 | 학년 반 | 담당교수 | |
| 학 번 | | 성 명 | |
| 학습내용 | | | |
| 학습목표 | | | |

| Cut Process | | | |
|---|---|---|---|
| 시술 순서 | | | |
| 시술 과정 | | | |
| | | | |

<table>
<tr><th colspan="4">Styling Process</th></tr>
<tr><td>시술<br>순서</td><td colspan="3"></td></tr>
<tr><td rowspan="2">시술<br>과정</td><td></td><td></td><td></td></tr>
<tr><td></td><td></td><td></td></tr>
<tr><td>완성<br>작품</td><td></td><td></td><td></td></tr>
</table>

| 실습 일지 | | | |
|---|---|---|---|
| 작성일자 | 20 년 월 일 | 교과목명 | |
| 학 년 | 학년 반 | 담당교수 | |
| 학 번 | | 성 명 | |
| 학습내용 | | | |
| 학습목표 | | | |
| Cut Process | | | |
| 시술 순서 | | | |
| 시술 과정 | | | |

| Styling Process | | | |
|---|---|---|---|
| 시술<br>순서 | | | |
| 시술<br>과정 | | | |
| | | | |
| 완성<br>작품 | | | |

<table>
<tr><th colspan="4">실습 일지</th></tr>
<tr><td>작성일자</td><td>20 년 월 일</td><td>교과목명</td><td></td></tr>
<tr><td>학 년</td><td>학년 반</td><td>담당교수</td><td></td></tr>
<tr><td>학 번</td><td></td><td>성 명</td><td></td></tr>
<tr><td>학습내용</td><td colspan="3"></td></tr>
<tr><td>학습목표</td><td colspan="3"></td></tr>
<tr><th colspan="4">Cut Process</th></tr>
<tr><td>시술<br>순서</td><td colspan="3"></td></tr>
<tr><td rowspan="2">시술<br>과정</td><td></td><td></td><td></td></tr>
<tr><td></td><td></td><td></td></tr>
</table>

| Styling Process | | | |
|---|---|---|---|
| 시술 순서 | | | |
| 시술 과정 | | | |
| | | | |
| 완성 작품 | | | |

(참고 문헌)


- 『DESIGN HAIR CUT』, 강갑연, 최은정, 도서출판 광문각, 2011
- 『응용 디자인 헤어커트』, 최은정, 문금옥, 임선희, 최옥순, 정매자, 도서출판 광문각, 2017
- 『NCS기반 기초 디자인 헤어커트』, 최은정, 문금옥, 박명순, 박광희, 이부형, 도서출판 광문각, 2018


(저자 소개)


■ **최은정**

정화예술대학교 미용예술학부 부교수
건국대학교 향장생물학 이학박사
국가기술자격검정 미용장
국가기술자격검정 이용장
대한민국 대한명인(제15-449호): 헤어아트
국가평생교육원진흥원 평가위원
한국산업인력공단 이/미용장 감독위원
한국산업인력공단 전국기능경기대회 출제위원(헤어디자인 부문)
한국미용학회 이사
대한미용사회중앙회 두피위원

■ **김동분**

서정대학교 뷰티아트과 부교수
서경대학교 미용예술학 박사
국가기술자격 미용장
우수숙련기술사(한국산업인력공단)
소상공인 대통령 표창
한국산업인력공단 미용장 감독위원
미용예술학회 평생이사
대한미용사회중앙회 국가대표 트레이너
대한미용사회중앙회 국제기술분과 상임위원장
대한미용사중앙회 이사



NCS 기반
**베이직 헤어 커트**

2018년 8월 30일 1판 1쇄 인 쇄
2018년 9월 3일 1판 1쇄 발 행

지 은 이 : 최은정 · 김동분
펴 낸 이 : 박정태

펴 낸 곳 : **광 문 각**

10881
경기도 파주시 파주출판문화도시 광인사길 161
광문각 B/D 4층
등 록 : 1991. 5. 31 제12-484호
전 화(代) : 031) 955-8787
팩 스 : 031) 955-3730
E - mail : kwangmk7@hanmail.net
홈페이지 : www.kwangmoonkag.co.kr

ISBN : 978-89-7093-913-1 93590

값 : 24,000원

한국과학기술출판협회회원